阳极修饰材料
对 MFCs 性能影响的研究

马建春　著

中国原子能出版社

图书在版编目（CIP）数据

阳极修饰材料对 MFCs 性能影响的研究 / 马建春著
. -- 北京：中国原子能出版社，2022.12（2025.3 重印）

ISBN 978-7-5221-2521-3

Ⅰ . ①阳… Ⅱ . ①马… Ⅲ . ①纳米材料—复合材料—
研究 Ⅳ . ① TB383

中国版本图书馆 CIP 数据核字（2022）第 241927 号

阳极修饰材料对 MFCs 性能影响的研究

出版发行	中国原子能出版社（北京市海淀区阜成路 43 号 100048）
责任编辑	王　蕾
责任印制	赵　明
印　　刷	北京天恒嘉业印刷有限公司
经　　销	全国新华书店
开　　本	787 mm × 1092 mm　1/16
印　　张	9.25
字　　数	166 千字
版　　次	2022 年 12 月第 1 版　2025 年 3 月第 2 次印刷
书　　号	ISBN 978-7-5221-2521-3　　　**定　价**　56.00 元

作者简介

马建春，女，汉族，1985年12月出生，籍贯为山西大同。现就职于吕梁学院，副教授。毕业于山西师范大学化学与材料科学学院化学专业，博士研究生，主要研究方向为阳极修饰材料的制备及其对于微生物燃料电池性能的影响。主持山西省教育厅项目1项、吕梁市科技局项目1项、山西省教育厅教学改革项目1项。先后在《Journal of Power Sources》《Electrochimica Acta》《Microchimica Acta》《理化检验 - 化学分册》等学术刊物上发表文章10余篇。

前　言

现今，随着不可再生化石燃料的过度消耗，全球的能源危机愈演愈烈，寻求成本低廉、清洁可再生的新型能源已经势在必行。微生物燃料电池（Microbial fuel cells，MFCs）利用电活性微生物作为生物催化剂，能够将有机质或者生物质中的化学能直接转化为电能输出，被认为是一种环境友好且可持续的新型绿色能源技术。尽管近年来关于MFCs的文献报道很多，可是由于其较低的产电性能和较差的耐久性，使MFCs离实际应用还相去甚远。影响MFCs性能的因素有很多，其中，阳极材料作为活性细菌的附着地，直接影响着活性细菌的附着程度、稳定生物膜的快速形成，以及活性细菌和阳极材料界面之间胞外电子转移（Extracellular electron transfer，EET）速率的快慢等，是决定MFCs性能的一个关键因素。在MFCs中理想的阳极材料应该是容易制备获得、成本低廉并能稳定存在，且应具有较大的电化学活性面积以利于活性微生物的大量附着，还应具有良好的电子导电性以利于界面胞外电子的快速传输。

本书基于还原氧化石墨烯（rGO）和多壁碳纳米管（MWCNTs）两种碳纳米材料优异的物理化学特性，结合聚阳离子电解质聚二烯丙基二甲基氯化铵（PDDA）、含铁化合物（FeS_2、Fe_2O_3）以及MoO_2纳米粒子，构建了几种碳基纳米复合物，并将其应用于MFCs的阳极修饰材料。实验结果显示这些复合材料作为MFCs的阳极不仅提升了界面EET效率，且MFCs的产电性能得到显著提高，同时对这些碳基纳米复合物应用于MFCs阳极功率密度提高的机理做了进一步的探究。

本书具体研究内容和结果概括如下。

第一，聚阳离子电解质PDDA功能化rGO纳米复合物（PDDA-rGO）的制备及其应用于MFCs阳极的性能研究。通过简单的超声共混法在室温下制备了PDDA-rGO纳米复合物。聚电解质PDDA通过π–π相互作用非共价吸附到rGO薄层纳米片上，并没有破坏rGO基底碳框架上的碳位点，这就通过定向的分子间电荷转移引起了显著的界面电荷再分布，即创造了大量的催化活性碳位点，将不活泼的 rGO 转化为 MFCs 有效的阳极电催化剂。而 PDDA 作为非共价的 p 型掺杂具有强的拉电子能力，有利于大量吸引活性细菌产生的电子从而有效提高界面 EET 效率。另外，聚电解质 PDDA 的引入还能大大增加电极的电化学活性面积和增加阳极对于活性细菌的生物相容性。PDDA-rGO 纳米复合物作为阳极修饰材料的 MFCs 功率密度得到大幅提高，同时显示了长期的运行稳定性和耐久性。

第二，含铁化合物修饰 rGO 纳米复合物形貌和组成的调控及其应用于 MFCs 阳极的性能研究。通过简单的水热法原位合成含铁化合物修饰的 rGO 纳米复合物，并通过 SEM、TEM、TEM-Mappings、XRD 和 XPS 等表征技术对 rGO 片层上不同形貌纳米颗粒物的组成进行了确定，同时也证明了通过调节前驱物的 pH 能够调控复合物的形貌和晶相组成。我们对这些纳米复合物的形成机理也进行了进一步的推断。将这些纳米复合物用作 MFCs 的阳极修饰材料，MFCs 的功率密度得到不同程度的提高。其中，pH = 3.52 纳米复合物在形貌上显示了非常独特的中间有孔的纳米环结构，其生物阳极与阳极液之间高效的界面传质暗示了复合材料良好的生物相容性，且该生物阳极与活性细菌之间具有促进的 EET 效率，这有效减小了 MFCs 的内阻。最终 pH = 3.52 阳极 MFCs 获得最高的输出功率密度。

第三，MoO_2 纳米粒子修饰的 MWCNTs 纳米复合物（MoO_2/MWCNTs）的制备及其应用于 MFCs 阳极的性能研究。在管式炉中通过氢氩混合气（10%）还原功能化 MWCNTs 上磷钼酸水合物的方法制备了 MoO_2/MWCNTs 纳米复合物，并将此纳米复合物应用于 MFCs 的阳极修饰材料。MWCNTs 具有优异的物理化学特性，功能化 MWCNTs 电活性面积显著增大，另外结合 MoO_2 纳米粒子优异的电催化活性以及生物相容性，协同优势使得 MoO_2/MWCNTs 阳极不仅具有大的电活性面积，而且具有增强的胞外电子转移速率。最终，MoO_2/MWCNTs 阳极 MFCs 产电功率密度得到显著提高，且显示了长期的电压输出稳定性。

笔者在本书的撰写过程中，参考引用了许多国内外学者的相关研究成果，也得到了许多专家和同行的帮助和支持，在此表示诚挚的感谢。由于笔者的专业领域和实验环境所限，本书难以做到全面系统，加之笔者研究水平有限，疏漏和错误实所难免，敬请读者批评赐教。

目　　录

第1章　绪论 ·········· 1

　　1.1　引言 ·········· 1

　　1.2　MFCs ·········· 3

　　1.3　碳纳米材料 ·········· 33

　　1.4　研究思路和主要研究内容 ·········· 39

第2章　实验部分 ·········· 42

　　2.1　实验主要试剂、材料和器材 ·········· 42

　　2.2　实验主要仪器 ·········· 44

　　2.3　材料物理性能表征 ·········· 46

　　2.4　电化学测试方法 ·········· 47

第3章　PDDA功能化rGO纳米复合物应用于MFCs阳极的性能研究 ·········· 49

　　3.1　引言 ·········· 49

　　3.2　实验部分 ·········· 50

　　3.3　实验结果和讨论 ·········· 55

　　3.4　结论 ·········· 66

第4章　含铁化合物/rGO纳米复合物应用于MFCs阳极的性能研究 ·········· 68

　　4.1　引言 ·········· 68

　　4.2　实验部分 ·········· 69

　　4.3　结果和讨论 ·········· 72

4.4　结论 ……………………………………………………… 90

第5章　MoO$_2$/MWCNTs纳米复合物应用于MFCs阳极的
性能研究 …………………………………………………… 92
5.1　引言 ……………………………………………………… 92
5.2　实验部分 ………………………………………………… 94
5.3　结果和讨论 ……………………………………………… 96
5.4　结论 …………………………………………………… 106

第6章　结论与展望 ……………………………………… 108
6.1　结论 …………………………………………………… 108
6.2　展望 …………………………………………………… 109

参考文献 ……………………………………………………… 111

第1章 绪 论

1.1 引 言

能源是人类赖以生存的物质基础，也是社会发展的重要驱动条件。19世纪以来，全世界能源一直是以存储量有限的煤炭、天然气和石油等不可再生的传统化石燃料为主。目前，这些传统能源的过度使用已经难以满足全球经济的快速发展对于能源的大量需求，且大量开发使用传统能源带来非常严峻的环境问题，如产生的废渣废气等有害物质造成的环境污染，进而引发的一系列如空气污染、水体污染、温室效应、酸雨和雾霾等环境问题，这些问题已经严重制约了人类生活和社会的可持续发展。传统能源的储量有限、迅速减少及对环境造成的严重污染已经引起了全人类的广泛关注，因此开发并发展可持续新能源的能源革命已经迫在眉睫。

我国是一个人口大国，同时也是能源消耗大国。随着我国经济的快速发展和工业化进程的不断加快，对绿色清洁、环境友好的可持续能源的需求愈演愈烈。目前，我国已投入大量的人力物力财力用来开发诸如太阳能、核能、潮汐能、风能以及生物质能等类型的新能源。在这些新能源体系中，对于生物质能的开发和利用方面的研究近些年来备受瞩目。广义上的生物质就是包括所有的植物、微生物和以其为食物的动物及其生产的废弃物，也就是一切有生命的可以生长的有机物质都可以称为生物质。而狭义上的生物质通常指的是农业和林业生产中除了植物果实、粮食之外的大量树木、农作物秸秆等木质类纤维素及过程中的废弃物、畜牧业生产领域的动物粪便及废弃物、农副产品加工过程中的下脚料等。我们平常提及的生物质一般指的是狭义上的生物质，这些生物质都具有可再生、低污染及分布广泛的特点。生物质能是储存在这些生物质内的能量。生物质能资源丰富，是仅次于传统化石能源的第四大能源。有效开发和利用生物质能可以有效解决环境污染及资源短缺的问题。目前利用生物质能的主要方式是燃烧法，如将木柴、作物秸秆等直接燃烧，这种方法能产生大量的烟尘和颗粒物等空气污染物，不仅存在很大的安全隐患，而且对环境造成严重污染。现今电能是最方便的能量利用方式，如何将取之不尽用之不竭的生物质能转换成清洁实用的电能，这是值得研究者们长期思索的课题，而燃料电池的出现使这种想法变成现实。

燃料电池（Fuel Cell）是近些年来兴起的一项新型发电技术。燃料电池是一类能够将燃料与氧化剂中的化学能环境友好地转化为电能的发电设备，燃料和空气被注入燃料电池之后就能产电。燃料电池有阴阳极和电解质等，外表上像蓄电池，但实际上燃料电池是一个实实在在的"发电厂"。燃料电池从根本上说属于一种电化学装置，它的组成也与普通电池相同。燃料电池的能量转化效率很高，能够不经过燃烧过程也不受卡诺循环的限制，直接将燃料的化学能转化为电能。燃料电池的能量转化效率能够达到45% ~ 60%，火力发电和核电的效率也只有30% ~ 40%。理论上来说，燃料电池中的反应产物能够及时排出，而反应物又能源源不断地供给，燃料电池就能持续地产生电能。

微生物燃料电池（Microbial fuel cell，MFCs）是近年来在燃料电池的基础上兴起的一种新型燃料电池，它是利用微生物作为生物催化剂将有机质等生物质燃料中的化学能转化为电能，还能实现污水或废液处理的新能源发电装置[1]。MFCs 主要具有如下优点：

第一，生物催化剂廉价易得、资源丰富。微生物在自然界中广泛存在，属于可再生的生物催化剂。

第二，燃料来源广泛。自然界中取之不尽用之不竭的生物质资源、污水废液等都可以作为 MFCs 的燃料来源，即燃料廉价易得，又能循环再生。

第三，MFCs 在将燃料的化学能转化为电能的同时，还能实现污水废液的处理和能量回收，且细菌具有自我复制和环境稳定能力，能够在废水处理过程中实现相对稳定的电能输出，这相当于从废水中提取能量，变废为宝。

第四，反应条件温和、环境友好。MFCs 利用活性细菌作为生物催化剂，催化反应可以在常温常压及中性酸碱度的环境下进行，反应条件温和、容易控制。MFCs 能将燃料生物质或者有机物中的化学能转化为清洁环保的电能，属于可持续的新能源产电装置。

第五，产物绿色清洁。空气中的氧气就可以作为 MFCs 的阴极电子受体，阴极的最终反应产物为清洁的 H_2O。MFCs 阳极的最终产物是 CO_2 和 H_2O，这些都属于清洁产物。因此 MFCs 属于真正意义上的绿色清洁新能源技术。

第六，应用领域广泛。MFCs 除了可以将各种生物质或者废水中的化学能转化为清洁的电能之外，还可以作为生物传感器应用于厌氧发酵的工艺诊断过程中 [2]。

1.2 MFCs

1.2.1 MFCs 的发现和发展

最早提出 MFCs 概念的是英国植物学家 Potter[3]，1911 年，他将酵母菌和大肠杆菌作为催化剂，在金属铂电极上获得电流的产生，这也是第一次发现微生物能够产生电能的实验研究。这一研究结果在当时来说并没有受到应有的重视，致使当时有关 MFCs 领域的发展较为缓慢。之后在 1962 年，研究者 [4] 发现将一些电子介体加入到含有大肠杆菌的电解液后，电池的电压和电流能够得到显著增加。在此之后，有关各种外源电子中介体（如中性红、可溶性醌类物质等）的加入对于影响 MFCs 输出电能方面的研究越来越深入 [5]。研究发现由于构成细菌外膜的脂多糖、肽多糖和磷脂双分子层都是不容易导电的，这样细菌不能将产生的电子直接传递到电极上。而电子中介体可以穿透细菌外膜进入到细菌内部获得电子，随后再穿透细菌的细胞外膜将电子传递到电极材料上，进而电子转移效率能被大幅提高，同时 MFCs 的功率密度得到提升 [6]。之后，在 1999 年，一些 Fe（Ⅲ）还原细菌（如 *Shewanella putrefacians IR-1*）被发现可以不需要加入外源电子中介体就可以直接将电子传递到电极表面 [7]。这一发现被报道之后，研究者 [8] 对 *Shewanella* 菌属传递电子的机理进行了相关研究，发现 *Shewanella oneidensis MR-1* 细菌能够产生导电的纳米线（图 1-1），并证明了这些导电纳米线可以作为有效的电子传递导体。在这之后，研究者们还发现活性微生物代谢物中的一些特殊化合物也能作为电子中介体，如：铜绿假单胞菌 *Pseudomonas aeruginosa* 能够分泌氧化还原中介体绿脓菌素 *pyocyanin* 实现胞外电子转移 [9]。另外，有关 MFCs 如反应器构型、电池放大化、电活性细菌的筛选、温度及缓冲底液、反应底物、阳极电子转移机制、阴极氧还原反应机制等 [10-12] 方面的研究也在不断深入。

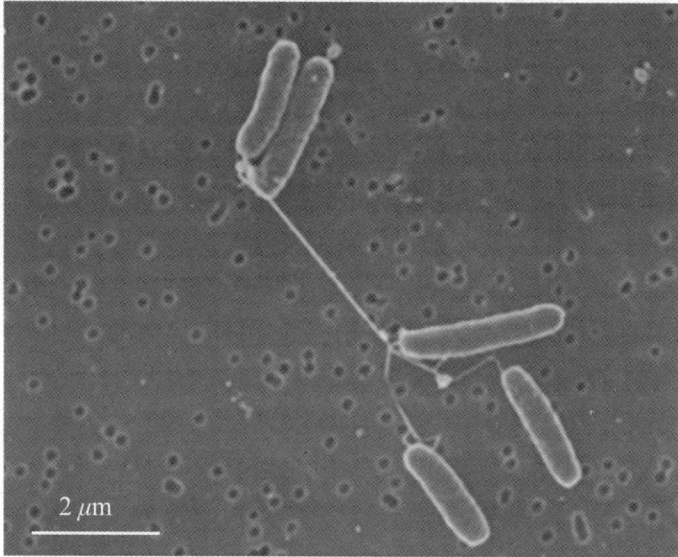

2 μm

图 1-1 *Shewanella oneidensis MR-1* 细菌的 **SEM** 图

目前，MFCs 在污水处理领域的应用逐渐受到研究者们的广泛关注和深入探究 [13-14]。应用 MFCs 技术处理废水与传统废水处理方式不同的是并不需要大量消耗外界提供的能量，MFCs 在处理废水的同时还能将废水中能量转变为清洁实用的电能，这是具有重大意义的能量转化方式。有很大一部分研究者更加关注 MFCs 技术在废水处理领域的实用性，也有研究者通过 MFCs 处理污水的同时对电池不同体积放大来探究功率密度的变化 [15]。总之，MFCs 技术在处理污水的同时能够产生清洁可持续的电能，应用前景之广可见一斑。

最近十几年有关 MFCs 的研究报道很多，MFCs 的产电机理更加清晰。早期的 MFCs 产生的生物电流是非常低的 [7]。之后随着对于 MFCs 的不断深入探索和发展，使得对于电极基底材料的选择、电池构型优化、阳极材料的制备、阴极氧还原催化剂的选择等 [16-18] 取得了一定的研究成果，这些都有力地推动了 MFCs 研究领域的进一步发展。但是，目前对于 MFCs 的探索仍然处于实验室理论研究或者小型尝试试验的发展阶段，产电功率还远低于研究者的理论预期，因此对于 MFCs 这项具有潜在应用价值的绿色能源领域新技术的研究仍然任重道远。

1.2.2 MFCs 的分类

根据不同的分类方式，MFCs 的分类也不相同。根据构型的不同 MFCs 可以分为双室型和单室型两种。

常用的双室型 MFCs 一般是由聚甲基丙烯酸甲酯材料制备而成，主要是由阳极室、阴极室以及两室之间的质子交换膜构成，双室型 MFCs 也被称为 H 型 MFCs。如图 1-2（a）所示是最简单最容易组装的双室型 MFCs[19]，中间通过盐桥来传递质子（箭头所指），由于盐桥的存在，导致 MFCs 内阻大幅增加，且 MFCs 功率密度较低。如图 1-2（f）所示是典型的双室 H 型 MFCs[20]，连接的管子中间通过质子交换膜隔开，阴极室通入气体鼓泡，这种 MFCs 阳极电极和阴极电极之间相距较远，在一定程度上增加了 MFCs 的内阻。如图 1-2（b）所示是中间没有管子的双室 MFCs，阳极室和阴极室之间直接通过质子交换膜隔开，阴阳极室通过螺丝紧紧扭合，也方便拆卸，这种 MFCs 所需要的质子交换膜面积较大，整个 MFCs 呈现立方体形状。图 1-2（c）中 MFCs 外形设计与图 1-2（b）中显示一样，但是其阳极室设计是养料能够连续供给的构型。实验室常用到的双室型 MFCs 中间的质子交换膜材料应该具有以下特点：价格合理、优良的干湿转换性能和电化学稳定性能、良好的质子通过率和机械强度，水分子在膜中的电渗透作用较小，气体在质子交换膜中的渗透性尽量减小。目前最常用的质子交换膜是美国杜邦公司的 Nafion 膜，Nafion 膜属于一种高分子聚合物膜，全称是全氟化磺酸酯，主要是由磺酸基团结合聚四氟乙烯构成，可以高选择性地透过质子。这种质子交换膜可以将细菌分解有机物产生的质子有效传递到阴极室，具有质子电导率高和化学稳定性好的优点。可是 Nafion 膜的价钱较贵成本较高，而且在质子通过的同时难以避免其他阳离子通过，这样就会有不可预期的副反应发生。尽管研究者们一直在努力寻找能够替代 Nafion 膜的成本较低的新型膜产品，可是 Nafion 膜仍然是当前基础研究常用的膜材料。双室型 MFCs 缺点是由于中间质子交换膜的使用以及阴阳两极间隔开特定的距离，往往具有较大的电池内阻。但是双室型 MFCs 反应器容易构建，操作可控性强，密闭性能好，抗生物污染性能强，是目前 MFCs 领域实验室基础性研究较为常用到的实验设备。

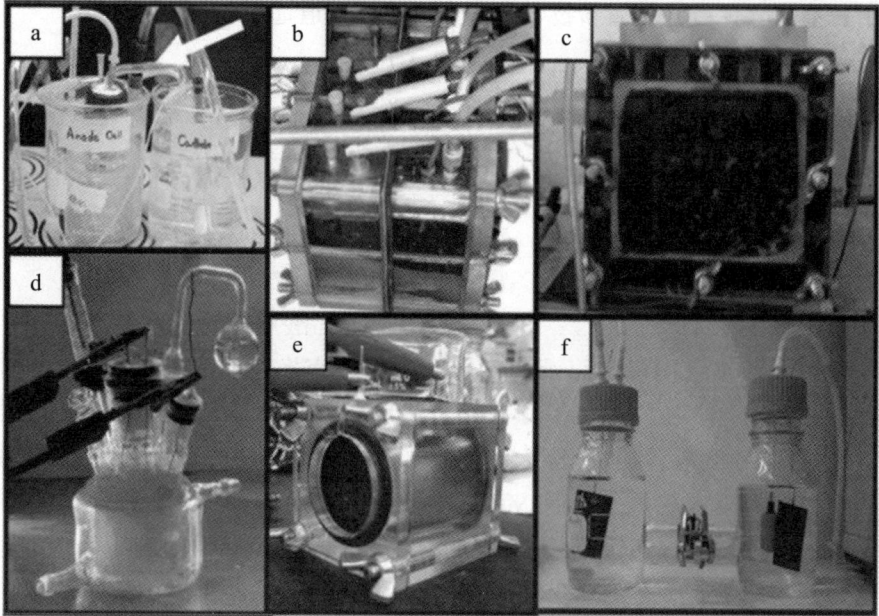

（a）包含盐桥的 MFCs；（b）四室型的 MFCs；
（c）具有持续燃料供给型阳极的 MFCs；（d）光能异养型 MFCs；
（e）单室和空气阴极型 MFCs；（f）H 型微生物燃料电池

图 1-2　用在实验室研究中的微生物燃料电池的构型和种类

　　单室型 MFCs 没有阴极室，也可以看成是双室型 MFCs 的一半。市售的单室 MFCs 主要有瓶子状的、管子状的或者立方体型的。正如图 1-2（e）中所示是立方体型单室空气阴极型 MFCs[21]。图 1-3（d）所示是一种管状的单室型 MFCs[22]，其中以石磨棒作为阳极，内部含有同轴的空气阴极。单室型 MFCs 一般是将阴极氧还原电催化剂直接涂到质子交换膜上或者是将阴极氧还原电催化剂通过热压机热压到质子交换膜上。单室型 MFCs 由于缩小了阴阳极之间的距离，降低了质子传递阻力，电池内阻也大幅降低。单室型 MFCs 是将氧气直接作为阴极电子受体，不需要阴极室和阴极液体，结构简单、成本低，具有一定的应用潜力。可是单室型 MFCs 也存在一定的缺陷：由于阴极氧还原电催化剂是直接滴涂或热压在质子交换膜上，也就是阴极是直接暴露在空气中且与阳极距离非常小，这样空气中氧气就很容易到达阳极室。到达阳极室的氧气很大程度上会降低厌氧细菌的生物活性，而且氧气还会成为活性细菌的电子受体，从而导致到达阴极的电子就会大幅减少，这样就会影响 MFCs 的功率输出和库伦效率。另外，常态下的氧还原催化剂往往会用到贵金属，成本较高，增加了电池的成本投入，不利于长期使用和进一步的推广。因此，目前研究非贵金属型阴极氧还原电催化剂是单室型 MFCs 未来的一个重要的发展方向。此外，目前单室型 MFCs 的输出功率较低，不利于放大使用。

此外，上流式 MFCs 也是一种双室 MFCs，由上流式厌氧污泥床反应器改造而得。如图 1-3（a）所示是上流式管状 MFCs[23]，其圆柱形反应器内含颗粒状石墨床阳极，阴极在外部。如图 1-3（b）所示也是上流式 MFCs[24]，这种 MFCs 能够综合普通 MFCs 和上流厌氧污泥浮层的特点，上面部分是阴极室，下面部分是阳极室，上下阴阳两室也由质子交换膜隔开，质子交换膜与水平保持一定的角度来避免阳极室内气体的大量积聚。具体操作流程是燃料从阳极室底部流入，从顶部流出，而且能够反复循环，这样可以减小能量损耗，同时能够提高 MFCs 产电能力和经济实用性。与普通 MFCs 相比，这种上流式 MFCs 更适应于污水处理和放大化的实践应用。

如图 1-3（c）所示是一种常用的平板型 MFCs[29]，这种 MFCs 也属于双室型 MFCs，它看上去像氢燃料电池。这种 MFCs 是采用两块不导电的聚碳酸酯平板（15 cm×15 cm×2 cm）组合而成。两块聚碳酸酯平板通过螺丝拧合在一起，平板上都刻有 0.7 cm 宽和 0.4 cm 深的蛇形通道，总表面积达到 55 cm^2，总体积为 22 cm^3，总表面积体积比为 250 m^2 m^{-3}。其阳极为 10 cm×10 cm 的多孔碳纸，阴极是一面修饰金属铂催化剂的碳布，质子交换膜热压到阴极上并置于阳极上部。这种类型的 MFCs 内部设计有迂回的蛇形通道，液体在蛇形通道中流动通过电极使得废水养料能够充分被利用，且质子交换膜热压到阴极上可以大大减小阴阳两极之间的距离，这样能够有效减小电池内阻，增加电池功率输出。同时，整个 MFCs 的质子交换膜和阴阳极室平行放置，阳极室在下，活性微生物在重力作用下能大量富集到阳极上。另外，由于 MFCs 产电功率较低，为提高其产电能力，研究者试图将多个 MFCs 堆垛串联在一起来增加其输出电压和输出电流。如图 1-3（e）所示是六个 MFCs 串联连接的一种堆垛型 MFCs[30]，在输出功率是 228 W m^{-3} 时输出电压是 2.02 V，在输出功率是 248 W m^{-3} 时输出电流能够达到 255 mA。

依据 MFCs 中是否含有电子传递媒介体又能分为有介体型和无介体型两种。由于细菌细胞外膜上的磷脂双分子层、肽多糖和脂多糖成分都不易导电，一般情况下细菌都不能将电子直接转移到电极上。电子中介体的存在可以间接提高胞外电子转移速率，进而 MFCs 的产电效率也随之提高。MFCs 中的电子中介体通常有以下两种：其一是需要额外添加的外源的中介体，通常是一些染料类分子以及金属有机物等，如吩嗪、硫堇、萘醌类、亚甲蓝等。其二是一些细菌自身在厌氧的阳极室中就可以产生如醌类等电子中介体用于传递电子，不需要外加电子中介体，这种自身分泌或者合成的介体就可以供细菌自身和其他活性微生物用来传递电子。

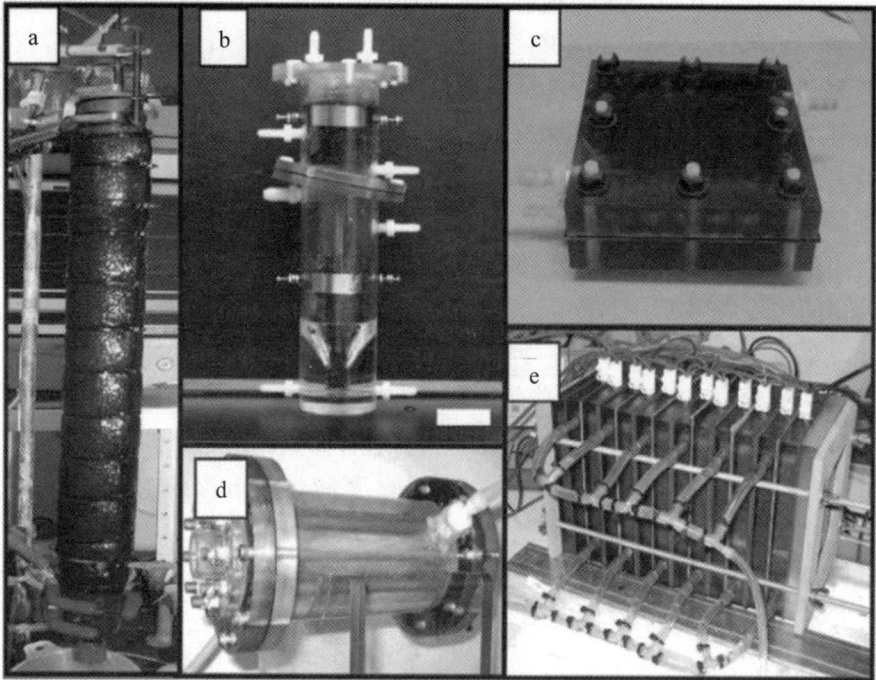

（a）上流式管状 MFCs；（b）阴极在上阳极在下的上流式管状 MFCs；
（c）平板型 MFCs；（d）带有内部同轴空气阴极的单室型 MFCs；
（e）带有六个 MFCs 的堆垛型 MFCs

图 1-3　用于连续运行的 MFCs

依据活性微生物营养类型的不同，可以将 MFCs 分为沉积物型、光能自养型以及光能异养型三类。沉积物型 MFCs 是通过液相和沉积物相之间的电位差进行产电。海底或河流湖泊底部沉积物含如有机酸、糖类等物质，沉积物中含有的多种微生物可以将这些有机物质进行有效分解，而水面表层则具有丰富的溶解氧。将 MFCs 阳极和阴极通过导线连接，将阳极放置到底部沉积物中，阴极放置于表层水中。底部沉积物中的微生物氧化分解有机物产生的电子传递到阳极，之后经过导线传递到阴极，质子和电子在阴极结合成水，构成闭合回路。这种 MFCs 能够持续发电、环境友好、绿色可持续，有望实现实用化。光能自养型 MFCs 指的是一些感光细菌以碳源作为底物，电极作为电子受体，将光能转换为电能的装置。光能异养型 MFCs 如图 1-2（d）所示[28]，指的是一些兼性厌氧型细菌或者厌氧型细菌通过代谢有机物产生电子，并将电子传递到电极上进行产电的装置。

MFCs 可以根据有无中间的质子交换膜分为有膜型和无膜型 MFCs，通常实验室常用到的含有质子交换膜的单室或者双室 MFCs 属于有膜型 MFCs，质子交换膜价格较贵，长期使用还会堵塞质子传输通道不利于质子传递。如果不用质子交换膜，就会大大降低 MFCs 的成本，增加 MFCs 的可操作性。无膜型 MFCs 不用质子交换膜导致电池内阻较小，这有助于功率密度的提高。长远看来，无膜型 MFCs 成本低、内阻小，是真正意义上的绿色可持续的新能源发电装置。

MFCs 还可以根据阳极微生物的选用分为单一菌型和混合菌型 MFCs。单一菌型 MFCs 其阳极活性微生物选用单一的纯菌种。单一菌型 MFCs 菌种一般不需要长时间驯化，细菌生长速度较快，电池能够快速启动。单一菌型 MFCs 具有较高的胞外电子转移效率，因此常用于实验室基础研究。但是，单一菌型 MFCs 的单一菌种很难与外界完全隔离开，比较容易受到外界其他细菌的侵染，这也是限制其发展的一大缺点。混合菌型 MFCs 阳极活性微生物可以是来自于江河湖海底部的沉积物，还可以从污水处理厂的活性污泥中获得。混合菌型 MFCs 相比单一菌型 MFCs 具有更容易操作、不需要严格的接种环境、底物降解快、能量输出高等优点，因此现在很多研究者致力于对混合菌型 MFCs 的产电性能研究。

1.2.3　MFCs 的工作原理

MFCs 的工作原理简述如下：厌氧阳极室中有机物质经活性细菌催化代谢产生电子和质子，产生的电子经过合适的电子媒介体从活性细菌细胞转移到阳极材料上，再经外电路转移到阴极形成闭合回路产生生物电流。产生的质子则经质子交换膜穿透到达阴极，阴极电子受体与电子和质子结合生成 H_2O，如图 1-4 所示。

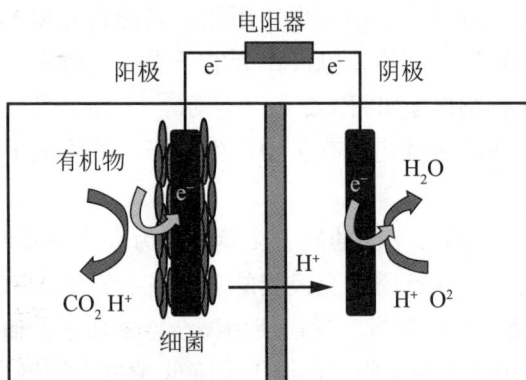

图 1-4　MFCs 的工作原理示意图

这里阳极以葡萄糖作燃料，阴极以 O_2 作为电子受体为例，MFCs 阳极和阴极的反应分别是：

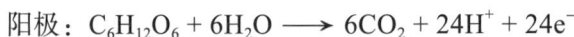

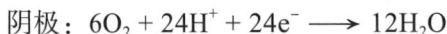

阳极：$C_6H_{12}O_6 + 6H_2O \longrightarrow 6CO_2 + 24H^+ + 24e^-$

阴极：$6O_2 + 24H^+ + 24e^- \longrightarrow 12H_2O$

总反应式：$C_6H_{12}O_6 + 6O_2 \longrightarrow 6CO_2 + 6H_2O$

如果阳极以常见的乙酸作为燃料，阴极以 O_2 作为电子受体，MFCs 阳极和阴极的反应分别是：

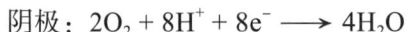

阳极：$CH_3COOH + 2H_2O \longrightarrow 2CO_2 + 8H^+ + 8e^-$

阴极：$2O_2 + 8H^+ + 8e^- \longrightarrow 4H_2O$

总反应式：$CH_3COOH + 2O_2 \longrightarrow 2CO_2 + 2H_2O$

可见，无论阳极燃料是葡萄糖还是乙酸，电池的总反应都是发生了燃料和氧气生成二氧化碳和水的反应。

另外，实验室用来做基础研究的 MFCs 阴极常用铁氰化钾作为电子受体。如果阳极以常见的葡萄糖作为燃料，阴极以铁氰化钾作为电子受体，MFCs 阳极和阴极的反应分别是：

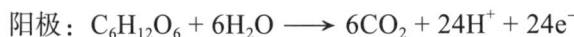

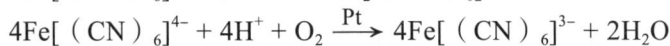

阳极：$C_6H_{12}O_6 + 6H_2O \longrightarrow 6CO_2 + 24H^+ + 24e^-$

阴极：$4Fe[(CN)_6]^{3-} + 4e^- \longrightarrow 4Fe[(CN)_6]^{4-}$

　　　$4Fe[(CN)_6]^{4-} + 4H^+ + O_2 \xrightarrow{Pt} 4Fe[(CN)_6]^{3-} + 2H_2O$

总反应式：$C_6H_{12}O_6 + 6O_2 \longrightarrow 6CO_2 + 6H_2O$

当铁氰化钾作为阴极电子受体时，阳极产电微生物代谢有机物产生的电子通过外电路传递到阴极与铁氰化钾结合生成亚铁氰化钾，之后亚铁氰化钾与通过中间质子交换膜的质子和氧气结合再生成铁氰化钾。阴极的反应实际上还是氧气与质子和电子生成 H_2O 的反应。加入铁氰化钾可以加速阴极反应的发生，能够间接提高电子传输和转移速率。如果有Pt 做催化剂时第二步反应较快发生，如果没有催化剂的加入，第二步反应非常缓慢，导致铁氰化钾的生成受限。因此通常一个放电循环之后需要重新补充新的铁氰化钾溶液。

1.2.4 MFCs 的评估指标

MFCs 是结合电化学、材料科学、微生物学和环境科学领域的综合交叉型研究课题，同时也属于能源领域的研究热点。对于 MFCs 的评估体系主要是电池领域评估体系和环境领域评估体系。

MFCs 属于电池领域的新能源技术，在电池领域评估体系中，主要评估指标是：最大功率密度、开路电压、极化曲线、恒电阻放电曲线及MFCs 的内阻等。

评价 MFCs 性能的一项重要指标就是最大功率密度。要对不同 MFCs的输出功率密度进行比较，需要对电池输出功率密度进行标准化。目前对于 MFCs 的最大功率密度公认的主要有两种表示方法，一种是以电极单位面积为基准的最大功率密度，一种是以单位体积为基准的最大功率密度。计算公式表示如下：

$$P_A = P/A = UI/A = U^2/AR \qquad (1\text{-}1)$$

$$P_V = P/V = UI/V = U^2/VR \qquad (1\text{-}2)$$

两个公式中，P 是功率，P_A 和 P_V 分别是单位面积功率密度和单位体积功率密度，A 是电极面积，V 是反应物的体积，U 和 I 分别是电压和电流，R 是电阻。

目前，实验室对于 MFCs 功率密度的测试方法主要有两种，一种是直接将 MFCs 接入电化学工作站的三电极体系，通过电化学线性扫描伏安法（LSV）测试电池的 LSV 曲线。之后通过 LSV 曲线上每个电流 I 和电压 U 值通过公式 $P = UI$ 计算功率值，功率与电极面积的比值就是功率密度值，电流与电极面积的比值就是电流密度值。另一种方法就是使用一个能够变换电阻的可变电阻箱，当 MFCs 的电压达到一个稳定的峰值时，在每个电阻下测定电压值并记录，根据对应的电压及电阻值计算相应的电流及功率值，电流及功率值分别与电极面积的比值就是电流密度值和功率密度值。对应的电流密度与功率密度值作图即为功率密度曲线，功率密度曲线上的最高点就是最大功率密度，其数值大小能够有效反映

MFCs 产电能力的强弱。

MFCs 属于一种电池类装置，开路电压也是电池性能的一项重要指标，它指的是当外接电阻无穷大甚至电流几乎为零时的电压值，反映的是 MFCs 的放电能力，是 MFCs 可能达到的最大电压值。在 MFCs 中，电池的开路电压受多种因素影响，如阳极材料的属性、阴极材料的属性、电极基底材料、活性细菌的种类等。

实验室对于 MFCs 开路电压的测试主要有两种方法，一种是将 MFCs 直接接入电化学工作站，直接通过开路电压程序测试电池开路电压，其值达到稳定时的数值就是 MFCs 的开路电压值。另一种是将电阻箱接入电池的阴阳极之间，电阻箱的电阻值调到最大，通过电压测试卡测试 MFCs 两侧电压，当电压值稳定时的数值可以认为是 MFCs 的开路电压值。

在电池评估体系中，电压是评估 MFCs 性能的一项重要的参考指标。理论上，MFCs 的输出电压应该在 1.1 V 左右。可是在实际运行过程中，当电流通过电极时，实际产生的电极电势与平衡电势发生偏离，称其为电极的极化现象。电极的极化导致电池实际达到的电压值与电池能够达到的理论电压值差距很大。电池中各种损耗的发生致使 MFCs 的输出电压远远小于其理论值。在 MFCs 的实际运行过程中获得电压和电池电动势之间的差值为 MFCs 的过电势，电池的过电势是其阴阳两极过电势的和。整个 MFCs 系统的欧姆损失[25]是：

$$E_{cell} = E_{emf} - (\Sigma\eta_a + |\Sigma\eta_c| + IR_\Omega) \qquad (1-3)$$

其中，$\Sigma\eta_a$ 和 $|\Sigma\eta_c|$ 分别指的是阳极和阴极的过电位，而 IR_Ω 是电池系统欧姆降的总和，I 是 MFCs 产生的电流，R_Ω 是系统的欧姆电阻。

MFCs 测量的电压一般与电流呈线性，可以表示成如下公式：

$$E_{cell} = OCV - IR_{int} \qquad (1-4)$$

在此式中，IR_{int} 是电池中所有内部损失的加和，I 是 MFCs 产生的电流，R_{int} 是电池系统的内阻。将式（1-3）和式（1-4）对比发现，阳极和阴极在开路状态下出现的过电位被包括在式（1-4）中的开路电压 OCV 中，而电流决定电极的过电位和电池系统欧姆损失被包含在 IR_{int} 中。式（1-4）也显示在 MFCs 系统中，当电池系统的内阻 R_{int} 等同于外部电阻时，MFCs 的输出功率达到最大值[31]。尽管电池系统的内阻 R_{int} 不仅仅包括欧姆电阻 R_Ω，可是这两个术语通常可以互换使用，但是 MFCs 的专业研究人员应该意识到它们之间的差异。

电池输出电压的提高与降低过电势密切相关。电极过电势通常是依赖于电流的，大致可以分为以下几类：微生物代谢损失，活化损失，浓度损耗和欧姆损失。

微生物新陈代谢损失：活性微生物在低电势下从基质传输电子通过电子传输链在高电势下到达最终的电子受体，产生代谢能量。基质的氧化还原电势和阳极电势的差值越大，活性微生物获得可能的代谢能越高，可是 MFCs 能够获得的最大电压越低。为使 MFCs 可获得的电压最大化，MFCs 阳极电位应该保持在尽可能负的状态。可是如果阳极电势过低，电子传输会被抑制，而且基质的发酵会给细菌提供更多的能量。因此在 MFCs 长时间运行过程中应该考虑到阳极电势过低对于功率密度的影响。

活化损失：活化能量需要给氧化还原反应的发生提供能量。活化损失发生在电极表面化合物转移电子或者电子转移到电极表面化合物的电子转移过程当中，这种化合物存在于微生物表面作为溶液中的中介物或者作为阴极最终电子受体。在电流较小时活化损失大幅增加，当电流密度增加时活化损失也会逐渐增加。减小活化损失可以通过增加电极表面积、提高电池运行温度、提高电极催化性以及在电极表面形成富集的生物膜这些方式来实现[32-33]。

浓度损耗：浓度损耗也称为浓度极化。浓度损耗是在当物质传输到电极或者从电极传输出的传质速率对电流起到限制作用时发生的。浓度损失主要是在电流密度较高时候产生，这是因为存在的扩散作用导致化学物质到电极表面的传质受限。发生在阳极的浓度损失主要是由于阳极电极表面氧化物种的受限释放或还原物种的受限供应发生的。如果整个体系溶液混合不均会导致出现溶液扩散梯度，传质受限会影响营养物质向阳极活性生物膜的流动。

欧姆损失：欧姆损失也称为欧姆极化损失。MFCs 的欧姆损失包括电子流通过电极及相邻之间的阻力和离子流通过质子交换膜与阳极和阴极电解液间的阻力。电池的电压与电流遵守欧姆定律，电压损失很大一部分主要是欧姆损失，因此降低欧姆极化损失能够有效优化 MFCs 的性能。我们可以通过减小阴阳两极电极间距离、选用电阻率较小的质子交换膜、在合理的区间内增加缓冲电解液浓度以及校验接触点增加溶液电导率实现对于欧姆损耗的降低。

极化曲线能够体现电极电势与电极反应速率的关系。实验室测试 MFCs 极化曲线的方法主要是借助于电化学工作站，将 MFCs 接入电化学工作站中通过电化学线性扫描伏安法测试得到电池的线性扫描伏安曲线，将电流除以电极面积得到电流密度。横坐标为电流密度，纵坐标为对应的电极电势，作图所得的曲线就是极化曲线。

MFCs 恒电阻电压随时间变化的放电运行曲线就是 MFCs 的恒电阻放电曲线。通过 MFCs 的恒电阻放电曲线可以看出 MFCs 放电时间长短以及最大电压稳定时间长短，可以反映 MFCs 长期的稳定性和耐久性。

实验室测试 MFCs 恒电阻放电曲线的方法一般是：在 MFCs 阳极和阴极之间接入一个已知固定阻值的电阻形成闭合回路，然后在已知电阻的两边接入电压测试卡，设置成间隔固定时间（如 1 秒钟或者 1 分钟）记录一个电压值，得到 MFCs 的恒电阻放电曲线。

MFCs 的内阻主要由电池的欧姆电阻和极化电阻组成。其中，欧姆电阻主要与电池的阴阳极电极材料以及电解液的种类密切相关。极化电阻主要是阴阳极在电池放电过程中发生极化作用产生的电阻。MFCs 内阻的大小对电池的功率密度输出具有重要影响。对于同一个 MFCs 来说，MFCs 的内阻变小，输出功率就会变大。

电池系统内阻等同于外部电阻时，MFCs 能够输出最大功率[31]，据此，实验室测试 MFCs 内阻的方法主要是在 MFCs 阴阳极之间接入一个电阻箱，MFCs 电压随电阻变化而发生变化，记录每个电阻下对应的电压值，之后计算不同阻值对应的功率密度值，其中最大功率密度值对应的电阻值就是 MFCs 的内阻。

根据环境学体系评价指标，MFCs 的性能主要是通过库伦效率、COD 去除率以及有机污染物去除效率等来评价。

1. 库伦效率

在 MFCs 运行过程中，活性微生物在阳极厌氧环境中产生的电子并不是全部都能通过外电路到达阴极。事实是只有一小部分电子到达阴极参与反应将化学能转化为电能，这也是 MFCs 输出功率较低还没有达到实际应用的重要原因。库伦效率是 MFCs 性能的一项重要指标，库伦效率（Coulombic efficiency，CE）指的就是通过外电路到达阴极发生反应的电子量（Q_r）与理论上能提供的电子量（Q_t）的比值，反映的是 MFCs 中电子的回收比率。

$$CE = Q_r/Q_t \times 100\% \qquad (1\text{-}5)$$

从公式（1-5）能够得出：MFCs 的库伦效率提高，发生反应的电子量占理论上能提供电子量的百分比就提高，即电子的回收比率提高。要想提高 MFCs 的输出功率，就要提高其库伦效率。对于空气阴极 MFCs 来说，氧气很有可能扩散到阳极影响阳极产电微生物活性，从而降低 MFCs 的库伦效率。

2. COD 去除率

COD 是指化学需氧量，也就是水体中能被氧化的物质进行化学氧化时消耗氧的量，以每升水消耗氧的毫克数表示。COD 可作为水质检测的重要指标，也是水体中有机物质相对含量的一项综合性评价指标。MFCs中活性细菌通过代谢底物中有机物产生电子传递到外电路产电，可以根据 COD 的去除率间接反映活性细菌对于底物的处理状况。

3. 有机污染物去除效率

MFCs 对于底物的处理状况除了通过 COD 去除率来评价之外，还可以直接通过有机污染物去除率来评价。进入 MFCs 前存在于阳极液中有机污染物的浓度用 Mol_1 表示，MFCs 运行一定时间之后有机污染物在阳极液体中的浓度用 Mol_2 表示，那么 MFCs 对于有机污染物的去除效率Mol_r 可以表示为：

$$Mol_r =（Mol_1 - Mol_2）/ Mol_1 \times 100\% \qquad （1-6）$$

在 MFCs 中，Mol_r 越大，说明活性细菌对于阳极液中有机污染物的去除效率越高。

1.2.5　MFCs 产电的影响因素

MFCs 属于绿色可持续的新能源技术，但是其产电功率较低致使MFCs 离实际应用还很遥远。影响 MFCs 产电性能的因素一般有：产电微生物的种类、燃料类型、燃料浓度、反应温度、质子交换膜的有无、pH、离子强度、阳极基底材料属性、阳极修饰材料种类、阴极电子受体的种类、电池构型等[34-36]。MFCs 阳极选用不同种类的产电微生物，其功率密度也不相同。如大肠杆菌作为产电菌，由于大肠杆菌直接传输电子的效率非常低，需要额外加入电子中介体辅助其胞外电子转移速率来提高 MFCs 的功率密度；希瓦氏菌可以依靠自身的菌毛作为电子导线传递电子或者产生核黄素等物质充当电子中介体，这类细菌作为 MFCs 的产电菌，功率密度相对较低，但是其不用外加的电子媒介体可以大大减少成本投入。即使是同一种活性细菌，其他条件不同也会导致 MFCs 产电性能不同。对于采用同种活性细菌的 MFCs，选用不同的燃料会影响细菌的代谢途径，影响 MFCs 的性能。研究者通过十二种木质素生物质碳源单糖作为燃料调查 MFCs 的性能变化[37]，所有测试的碳源单糖都能产生电能，包括六种己糖、三种戊糖、两种糖醛酸和一种醛糖酸，以醋酸盐为碳源富集的混合菌培养物具有较好的适应性。从这些碳源获得的最大功率密度范围是：（1240±10）~（2770±30）mW m^{-2}，电流密度范围为 0.76 ~ 1.18 mA cm^{-2}。以 d- 甘露糖作为燃料的 MFCs 输出功率最低，功率密度最高的是以 d- 葡萄糖醛酸作为燃料的 MFCs。对于所有的碳源测试，在连接 120 Ω 外部电阻的条件下，最大输出电压和衬底浓度之间的关系近似遵循饱和动力学方程。

不同温度下 MFCs 的产电性能也不相同，大多数活性细菌适应的最佳温度为 30 ℃ 左右，嗜热细菌 *Thermincola ferriacetica* 的适应温度大概在 60 ℃[38]。

有无质子交换膜也会影响 MFCs 的产电性能。实验室研究用的质子交换膜大部分都是美国杜邦公司的 Nafion 膜，这种膜能够通过质子，具有高度选择性，但是不可避免其他阳离子也会透过，这样也会引发一些副反应。研究者发现 MFCs 的内阻随着质子交换膜表面积的增大而减小，MFCs 的产电性能得以提高[39]。另有研究者发现采用质子交换膜比采用盐桥的 MFCs 其产电功率能够提高一个数量级[19]。

如果阳极产生质子的速率近似于阴极消耗质子的速率，电池内溶液的 pH 不会发生变化，可是 MFCs 实际运行过程中由于质子交换膜的存在造成一定的传输阻力，致使阳极室内产生的质子并不能全部到达阴极发生反应。如果不加入缓冲溶液，阴阳极室内溶液 pH 就会相差很大。有关报道[40]研究比较了 MFCs 加入缓冲溶液和不加缓冲溶液时阴阳极室 pH 的变化，不加缓冲溶液的 MFCs 其阴阳极溶液初始时 pH 都为 7.0，运行 5 小时后，阳极室溶液 pH 是 5.4，阴极室 pH 是 9.5，两极室溶液 pH 差值达到 4.1。同比之下，其他条件相同，加入缓冲溶液的 MFCs 阴阳极室 pH 的差值还不到 0.5，同时加了缓冲溶液的 MFCs 输出功率也能得到提高。这些能够充分证明加入缓冲溶液可以减小 MFCs 运行过程中阴阳极室液体 pH 差值，有效增加质子传输速率，进一步提高 MFCs 的产电性能。一般来说在接近中性的环境中，MFCs 产电功率最大，但是不同的产电菌其所需最佳 pH 也不相同。

增加阴阳极液的离子强度可以降低电解溶液的欧姆损失，提高产电功率[36]。增加阴阳极液离子强度的方法是可以适当添加一定量的电解质，如加入适量的氯化钠，能够提高离子和质子转移效率，减小 MFCs 的内阻，MFCs 的输出功率得到提高。但是电解质的添加不能过量，如果电解质浓度太高就会导致活性细菌细胞受渗透压的影响其新陈代谢受到一定程度的抑制，从而影响 MFCs 的产电性能。

MFCs 的产电性能与阳极基底材料属性也密切相关。一般如碳纸、碳布、碳刷和碳毡等碳材料基底由于具有良好的机械性能、优良的电子导电性和长期耐久性，被广泛用作 MFCs 的阳极基底材料，另外也有用不锈钢网作为阳极基底材料。选用的阳极基底材料不同，MFCs 的性能也不相同[41-43]。阳极是活性细菌繁殖和栖居以及发生胞外电子转移的场所，阳极修饰材料的属性直接决定了活性细菌的附着程度、稳定生物膜的快速形成以及胞外电子转移速率的快慢[44]，因此阳极修饰材料的种类在决定 MFCs 性能中发挥着非常重要的作用。

阴极电子受体不同也会直接影响 MFCs 的性能，一般实验室基础研究常用的双室型 MFCs 用铁氰化钾溶液作为阴极电子受体，单室 MFCs 用空气阴极即空气中的氧气直接作为电子受体。氧气直接作为电子受体，阴极氧还原反应较为缓慢，MFCs 的功率密度较低。而铁氰化钾作阴极电子受体，其具有较低的激活能和较高的传质速率，导致 MFCs 的输出功率较高[45]。但是长远来看，空气阴极更接近 MFCs 的实际应用。此外，电池构型也能影响 MFCs 的产电性能，单室 MFCs 和双室 MFCs 的产电性能不同[21, 46]。

1.2.6　MFCs 的应用领域

MFCs 是一种能在活性微生物的作用下将储存在生物质中的化学能转化为电能的装置，它不需要通过产热能的方式将化学能转换为电能。这样的能量转换方式不受卡诺循环制约，且 MFCs 燃料来源丰富，各种有机废弃物均可作为燃料在阳极电活性细菌的催化作用下生成电能。MFCs 属于绿色清洁的新能源转化技术，具有非常广阔的应用前景。

MFCs 最有前景的应用主要体现在能够处理污水的同时还能产电[47, 48]。现今人类社会环境污染严重，生活污水、工业废水以及被污染的河流湖泊人工湖随处可见，这些被污染的废水中含有大量的有机物，这些正好可以提供作为 MFCs 的燃料。MFCs 在活性微生物的催化作用下将污水中有机污染物转化为二氧化碳和水，可以起到治理污水的作用。以往的污水处理是将污水中的有机污染物转化为氢气或者甲烷，之后用氢气或者甲烷发电，操作烦琐，能量不能得到有效利用。同时，在这些处理过程中还会伴有硫化氢等废气的产生，往往需要做二次处理，程序烦琐，费用较高。而 MFCs 能将这些有机污染物中的化学能直接转化为清洁可再生的电能，降低了多重处理过程中的能量损失，发电效率得到提高。MFCs 处理污水方式清洁环保、很难有副产物的发生，且 MFCs 发电方式方便快捷，能够变废为宝，一举两得[49-50]。另外，以往处理污水往往需要氧化污水中有机污染物的曝气环节，这个环节需要大量的电能供应才能完成。而 MFCs 可以将大气中的氧气直接作为阴极电子受体，完全能够省去曝气环节，节约能源。另外，由于 MFCs 输出功率有限，将 MFCs 直接作为大型设备的供电电源很难实现，也可以将 MFCs 接入超级电容器，这样可以将 MFCs 产生的电能储存到超级电容器中，当电能积攒到一定程度就可以直接驱动无线传感器等设备运行[51-52]。

氢气属于清洁能源之一。氢气燃烧后产物是清洁的水，对环境零污染，在当今社会具有巨大的应用潜能。以往制取氢气主要是通过天然气等化石燃料得到，消耗了大量不可再生资源。另外，也可以通过有机废水厌氧发酵产生氢气，但是发酵过程中微生物只能部分分解有机污染物，发酵缓慢产量较低。对 MFCs 进行简单改造便可产生氢气，即在外电路施以一个较小的电压，则电活性微生物产生的电子和通过的质子在这个特别的环境中可以转化成氢气。若施加的电压不同，则产生的氢气量也不同。研究发现当在外电路上施以电压范围从 0.2 ~ 0.8 V，1 mol 的乙酸能够产生氢气的量为 2.01 ~ 3.95 mol，这里的乙酸是植物纤维或葡萄糖经过发酵的最终产物。这种通过 MFCs 制备氢气的方法新颖独特、高效可再生[53]。

其中，MFCs 产生氢气的反应为：

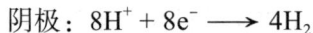

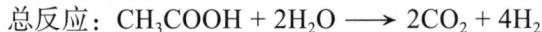

阳极：$CH_3COOH + 2H_2O \longrightarrow 2CO_2 + 8H^+ + 8e^-$

阴极：$8H^+ + 8e^- \longrightarrow 4H_2$

总反应：$CH_3COOH + 2H_2O \longrightarrow 2CO_2 + 4H_2$

MFCs 能够制备氢气，这无形中又拓宽了其应用领域，所以 MFCs 很可能在航空、移动设备、电动设备等领域中具有应用潜能。

在我国一些偏远农村，焚烧作物秸秆和动物粪便等现象至今仍然普遍存在，不仅引起严重的环境污染，且很可能出现引起火灾等重大安全隐患。这些植物秸秆或者动物尿液粪便中含有多种有机物，用它们可以作为 MFCs 的燃料来产电，在充分利用生物质资源的同时，能够变废为宝。近些年来研究者也致力于对于尿液作为燃料的尿液 MFCs[54]，将尿液中的化学能转化为清洁实用的电能。设计小型的 MFCs 利用废弃的生物质产电可以为我国偏远地区人民提供一定的用电量。

在 MFCs 中，活性微生物在胞外电子转移过程中起决定性的作用，微生物的活性受到周围有害物质的影响就会下降。这样活性微生物产生的电子减少，MFCs 的输出电压和功率随之发生变化，这符合生物传感器的运行原理。这种 MFCs 生物传感器能够应用于河流湖泊中污染水体的环境监测或者是相关领域有机污染物的在线监测和控制。生化需氧量（Biochemical oxygen demand，BOD）是水中有机污染物质等需氧含量的一个综合指标，是水中有机物由于各种微生物的生化作用进行氧化分解使之无机化或气体化时所消耗水中溶解氧的总数量。假设能够降解的有机污染物在 MFCs 中出现的电信号与有机污染物的浓度于一定的范围内能够体现线性相关性，那么就可以实现生化需氧量的在线监测和控制[55-56]。MFCs 用作生物传感器能够影响其可重复性和灵敏度的一般是来源于氧气和硝酸盐等可以作为竞争性电子受体的物质，如果是氧气和硝酸盐存在于还原生物催化阴极中，那么 MFCs 产生的电流就能够较好地在线反映物质的浓度大小[57]。有报道[58]显示其构建的 MFCs 生物传感器不需要额外维护能够持续工作 5 年之久，其使用年限已经远高于其他类型的生物传感器。总之，通过 MFCs 监测有机废水中生化需氧量的方法精准性高、受外界影响小、方便快捷、可重现性能好、不需要其他试剂且使用时间更长。

心脏起搏器等可植入人体的医学装置元件需寻找为这些设备能够提供稳定并可以长期使用的电源。MFCs 能够以有机物为燃料生成电能，人体的血液中含有葡萄糖、乳糖和氧气，可以设想在人体内构建微型的MFCs，将葡萄糖代谢为水和二氧化碳对人体无毒无害并可以终身受用。目前，这方面的应用仍然需要进一步的研究和探索。

1.2.7 MFCs 应用面临的主要障碍

尽管 MFCs 作为一个化学、物理学、生物学、材料学和环境工程学等多种学科的综合交叉性课题，其应用领域广阔可见一斑。目前 MFCs 已成为全世界研究者关注的热门课题，但是对于 MFCs 的研究仍然处于实验室基础研究和不太成熟的小型试验阶段，离大型的实际应用还有很大的差距。MFCs 实用化的主要障碍可以概括为以下几点。

MFCs 的启动时间与选用的活性微生物的种类及驯化时间有关，对于加入电子中介体的间接型 MFCs 来说，启动时间较快的也需要数小时之久。而对于不需要外加电子中介体的 MFCs 来说，启动时间更长，通常需要几天或者十几天的时间，这么长的电池启动时间不利用 MFCs 的实际应用。

MFCs 难以实用化的一个最重要的原因就是它的输出功率太低，与普通电池相比其输出功率低几个数量级之多。MFCs 输出功率较低主要是以下几方面的原因：一是阳极电极材料的选择。阳极作为活性微生物繁殖和栖居的场所，直接影响着活性微生物的附着量、稳定生物膜的形成以及胞外电子转移速率。阳极电极材料的导电性、比表面积和生物相容性对于 MFCs 的运行起到至关重要的作用。在 MFCs 的阳极材料的选择中，一般选用导电性好的碳材料或者碳基复合材料，但是其种类有限。因此寻找更多的比表面积大、导电性好、生物相容性好的阳极修饰材料对于 MFCs 输出功率的改善是非常重要的[17, 59]。二是具有较高活性的能够通过自身分泌物传递电子的产电微生物种类较少。这也限制了 MFCs 的实际应用。活性微生物是 MFCs 的生物催化剂，是 MFCs 中非常关键的一部分，同时也是 MFCs 与其他燃料电池相比的特别之处。微生物的活性较高才能在代谢有机物的过程中产生较多的电子。能够通过自身分泌物传递电子的高效产电微生物目前种类较少，这也不利于 MFCs 的进一步应用。三是阴极电子受体的选择。MFCs 阴极最佳电子受体是直接采用空气中的氧气，可是其反应的动力学过程太慢，这也是制约 MFCs 发展的重要因素。开发廉价高效的阴极氧还原催化剂也是目前研究者关注的热门课题。

MFCs 阳极产生的质子一般需要质子交换膜传输到阴极发生反应，质子交换膜的成本太高，且质子交换膜能够增加电池内阻，不利于 MFCs 的放大使用，可是不用质子交换膜的 MFCs 其透过质子的速率太低，严重影响其输出功率。MFCs 的应用前景广阔，可是目前它的放大试验难以实现，这需要研究者对于 MFCs 进行进一步的深入研究，争取 MFCs 的实用产业化早日实现。

1.2.8 电活性菌及其胞外电子转移机制

电活性菌指的是具有胞外电子转移能力的细菌，也称为电活性微生物或产电菌。电活性菌在进行电子转移的同时能够获得自身新陈代谢所需能量并维持长期的代谢活性,进而提高 MFCs 的运行耐久性。目前用在 MFCs 中的电活性菌主要有地杆菌(*Geobacter*)、希瓦氏菌(*Shewanella*)和大肠杆菌(*Escherichia coli*)等。希瓦氏菌(*Geobacter*)是 MFCs 中常用到的电活性菌,主要是 *S. putrefactions IR-1*[60]、*S. oneidensis MR-1*[61] 和 *S. oneidensis DSP 10*[62]。*Shewanella* 菌能够利用的电子供体主要是小分子的有机酸(如乳酸),通常其产电库伦效率较低。其中,*S. oneidensis MR-1* 的全基因组序列已经取得,通常用来研究细胞与电极之间的电子传递机制。而 *S. oneidensis DSP 10* 是最早被发现的能够在有氧环境下产电的细菌,在有氧环境下产电能够明显拓宽 MFCs 的应用范围。研究者[63] 对两种电活性菌 *S. oneidensis DSP 10* 与 *S. oneidensis MR-1* 的产电性能做了对比,发现 *S. oneidensis DSP 10* 活性菌在中性 pH 条件下表现明显优于 *S. oneidensis MR-1* 菌,但在 pH = 5.0 时表现不佳。与 *S. oneidensis MR-1* 菌相比,*S. oneidensis DSP 10* 菌在 pH = 7.0 条件下的浓度更高,而在 pH = 5.0 时则相反。电活性菌 *S. oneidensis MR-1* 被认为比 *S. oneidensis DSP 10* 更适合用于偏酸性的 MFCs 中。

地杆菌(*Geobacter*)也是一类重要的电活性菌,主要有 *Desulfuromonas acetoxidans*[64]、*G. sulfurreducens*[65] 和 *G. metallireducens*[66]。其中,*G. sulfurreducens* 菌是一种专性厌氧型革兰氏阴性菌。*G. sulfurreducens* 菌的全基因组序列信息以及电子转移机理已被阐明[67],是目前研究最为清楚的电活性细菌,且有研究者[68]通过电化学循环伏安法证明了 *G. sulfurreducens* 菌的电化学活性。*G. sulfurreducens* 菌在厌氧环境中通过将电极作为电子受体能够完全氧化电子供体,且可以在没有电子中介体的条件下将产生的电子转移到电极上,电子的回收率能够达到 95%[65]。

大肠杆菌(*Escherichia coli*,*E.coli*)即大肠埃希氏菌,属于革兰氏阴性菌,是一种兼性厌氧型细菌。*E.coli* 作为一种电活性细菌也被广泛用于 MFCs 中。*E.coli* 作为电活性菌通常需要结合一些合适的电子中介体,但是 *E.coli* 在多次产电后也会产生电化学激活[69],这能进一步提高 MFCs 的产电性能。

除此之外,还有一些其他的产电菌也被用于 MFCs 中,如铜绿假单胞菌(*Pseudomonas aeruginosa*)[70]、丁酸梭菌(Clostridium butyricum)[71]、耐寒菌(Geopsychrobacter electrodiphilus)[72]等。除了单一纯菌种外,混合菌种也被用于 MFCs 中,如:用于污水处理的 MFCs 通常以废水或者活性污泥作为电活性菌。混合菌含有多种细菌群落,适应性强、能量输出效率高、对培养环境一般没有特别的要求，目前已被广泛用于 MFCs 中[73]。

电活性菌的胞外电子转移机制是 MFCs 电子转移过程的关键部分，是 MFCs 产电性能的重要决定部分。

电活性菌产生电子的过程就是一个生物氧化过程。在厌氧的环境中，电活性菌的生物氧化过程主要有三步：①代谢物被对应脱氢酶催化氧化脱氢，产生还原型 NADH；② NADH 在 NADH 脱氢酶的催化作用下被氧化同时释放质子与电子；③质子经过电活性菌的细胞膜直接到达其细胞外部。电子经呼吸链转移到细胞外膜上，之后再经细胞外膜上的菌毛、C 型细胞色素蛋白或可溶性的电子中介体等将电子转移到电活性菌细胞外部的阳极，在这个过程中电活性菌获取能量维持其生长。电活性菌特别的电子转移方式使其具有电活性。*G. sulferreducens* 电活性菌由胞内到胞外的电子转移过程如图 1-5 所示[74]。

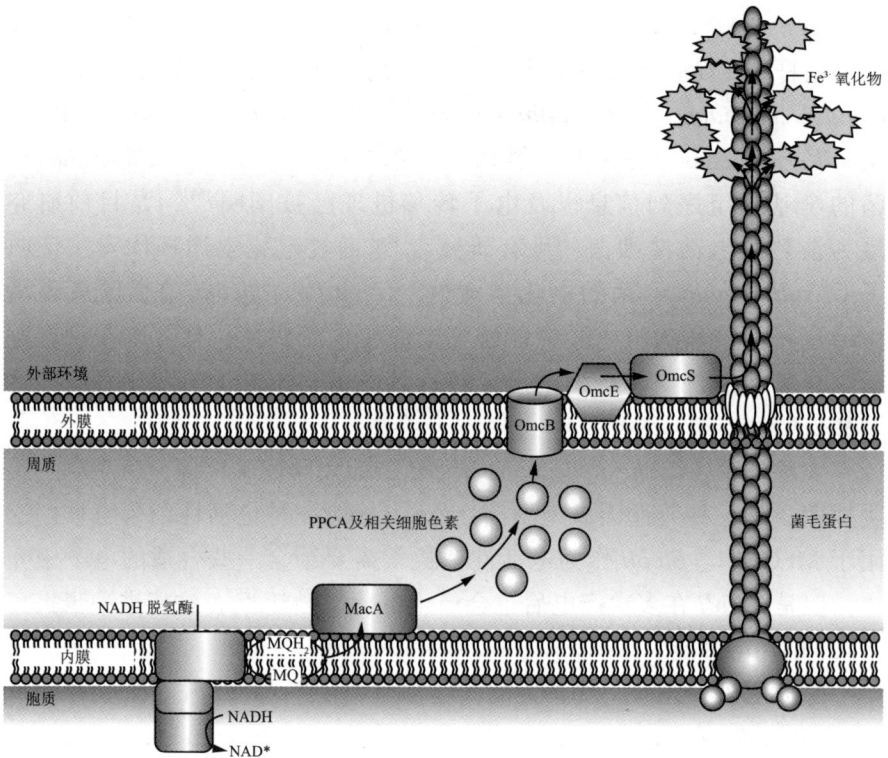

图 1-5 *G. sulferreducens* 电活性菌由胞内到胞外的电子转移过程

在 MFCs 中，电活性菌的胞外电子转移机理主要有以下两种。

1. 间接电子转移

间接电子转移指的是电活性菌借助于电子中介体将代谢产生的电子转移到电极上的电子转移过程。通常情况下，电活性菌的细胞膜或细胞壁都不导电，电活性菌产生的电子只有借助合适的电子中介体才能传递到细胞外。电子中介体能够进入电活性菌的细胞内部，电活性菌的氧化还原活性中心与电子中介体的氧化还原电位能够相互匹配。电子中介体能够捕获电活性菌产生的电子，捕获了电子的电子中介体之后将电子转移到阳极上，如图 1-6 所示。这个过程可以看作是电活性菌的氧化呼吸链向细胞外部环境的延伸。

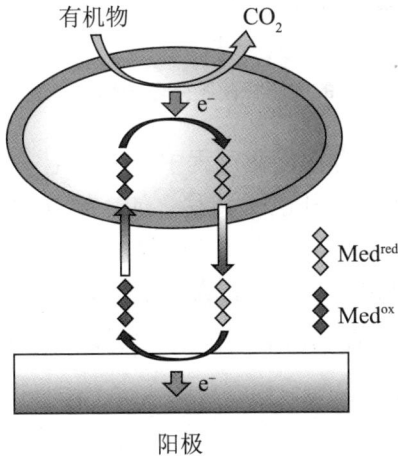

图 1-6 间接电子转移过程的示意图

在 MFCs 中，电子中介体主要是额外添加的外源的电子中介体或者是电活性菌自身分泌释放的电子中介体。外源的电子中介体需要满足以下条件：①对微生物没有毒害作用；②在阳极电解液中是可溶的；③不会被活性微生物代谢掉；④在阳极表面有很好的电化学活性，能穿透进入到细菌细胞内发生氧化反应得到电子；⑤在被还原之后还能够快速离开细菌细胞。

大肠杆菌 E.coli 作为电活性菌产电一般需要结合合适的电子中介体。可是，E.coli 在反复放电使用后会有电化学激活的现象发生，其菌种自身能够产生电子中介体实现胞外电子转移[69]。经电化学进化后的 E.coli 其表面具有很多空隙，能够分泌并释放电子中介体[75]，进化的大肠杆菌胞外电子转移机制如图 1-7 所示。

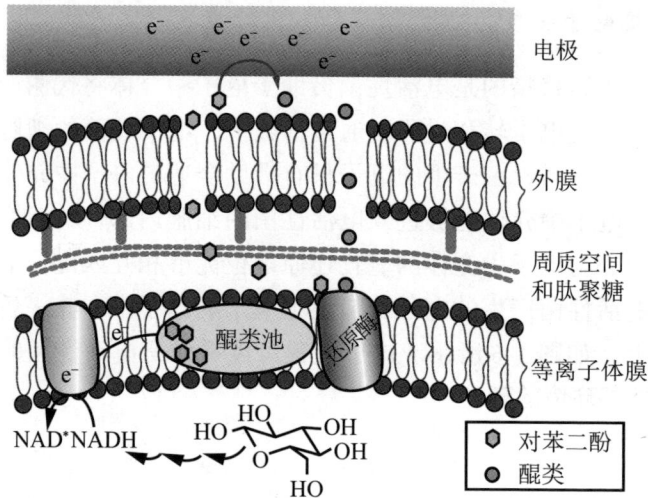

图 1-7　进化的大肠杆菌胞外电子转移机制的示意图

　　另外，电活性菌自身在代谢过程中可以产生一些小分子化合物作为内源性电子中介体实现胞外电子转移。如：铜绿假单胞菌 *Pseudomonas aerugionsa* 自身能够产生吩嗪类代谢物绿脓菌素 [76]，希瓦氏菌 *S. oneidensis MR-1* 自身可以分泌核黄素 [77]，这些可以作为内源性电子中介体在没有外源电子中介体加入的条件下就可以完成胞外电子转移。

2. 直接电子转移

　　电活性菌与阳极的直接电子转移主要是通过细胞膜外侧的 C 型细胞色素蛋白或导电菌毛实现电子转移。能够进行直接电子转移的电活性菌主要是金属还原型细菌，如 *S. oneidensis MR-1*[8] 以及 *G. sulfurreducens*[78]。在 MFCs 中与阳极直接接触的电活性菌的生物膜细胞能够通过 C 型细胞色素蛋白实现胞外电子转移。经全基因组序列分析得到电活性菌 *S. oneidensis MR-1* 有 42 个编码 C 型细胞色素的基因 [79-80]，而 *G. sulfurreducens* 具有 100 个编码 C 型细胞色素的基因 [81-82]，这些细胞色素一般分布于电活性菌的内膜和外膜上。*S. oneidensis MR-1* 的 42 个编码 C 型细胞色素的基因大约 80% 分布在电活性菌的细胞外膜上。在细胞内膜上的 C 型细胞色素参与 *S. oneidensis MR-1* 菌的大部分厌氧呼吸，它们与细胞周质终端还原酶（如延胡索酸还原酶与硝酸还原酶）直接接触将电子转移到周质空间 [83-85]。研究结果也证实了删去电活性菌 *S. oneidensis MR-1* 中的 C 型细胞色素基因能够导致其电流降低大约 85%[86]。研究者通过电化学循环伏安法研究了几种 C 型细胞色素蛋白 MtrcB、MtrcAB、OmcA、OmcB、OmcZ、OmcE 等在电活性菌胞外电子转移过程中的功能，这为电活性菌利用 C 型细胞色素蛋白实现胞外电子转移过程提供了直接的电化学依据[87]。此外，电活性菌的导电菌毛也能用于直接的电子转移过程。研究发现电活性菌 *G. sulfurreducens* 的菌毛能够作为生物导电纳米线将电子从细胞表面转移到 Fe（Ⅲ）氧化物的表面。通过导电菌毛实现的电子转移表明可能存在其他独特的细胞—表面和细胞—细胞相互作用，这也为生物工程提供了可能的新型导电材料[88]。另有研究发现导电菌毛不仅存在于希瓦氏菌 *S. oneidensis MR-1* 中，也存在于光合蓝细菌 *Synechocystis PCC6803* 以及高温厌氧发酵菌 *Pelotomaculum thermopropionicum* 等非异化金属还原菌中，这说明导电菌毛并不是异化金属还原细菌所独有的，这揭示了一种常见的有效电子转移和能量分布的策略[89]。

1.2.9 MFCs 的阳极修饰材料

影响 MFCs 输出功率的关键因素在于电活性微生物代谢有机物产生的电子与阳极之间的胞外电子转移速率的快慢。阳极作为电活性微生物繁殖和胞外电子转移的重要场所，选用合适的阳极材料至关重要。研究发现[20, 29, 90]将石墨、碳、泡沫材料和石墨毡用作 MFCs 的阳极材料，MFCs 获得电流大小顺序为：石墨 < 泡沫材料 < 碳 < 石墨毡，即 MFCs 获得电流的顺序与阳极材料的表面积大小的顺序相同，其中表面积最大的是石墨毡。同时这也说明，电极材料表面积的增加有助于 MFCs 产电性能的提高。阳极基底材料一般选用碳纸、碳布、碳毡、碳棒、碳刷、不锈钢网等。这些材料的生物相容性、电催化活性、电子传递等性能相对较差，活性细菌代谢有机物生成的电子必须提供较高的能量消耗才能跃迁至电极上，这样就会增加活化内阻。MFCs 的阳极活化过电势太高，需要对阳极基底碳材料进行表面修饰或处理使其阳极活化过电势降低来提高阳极的胞外电子转移能力，进而提高 MFCs 的产电性能。Logan 等[32]采用氨气处理过的石墨刷用作 MFCs 的阳极，在 9600 m^2 m^{-3} 的反应器中 MFCs 的最大功率密度达到 2400 mW m^{-2}，MFCs 的内阻从 31 Ω 减小到 8 Ω，库伦效率达到 60%。Cheng 等[91]将采用氨气处理过的碳布作为单

室 MFCs 的阳极材料，碳布经过氨气处理表面上去了很多含氮基团，碳布表面的正电荷由原来的 0.38 meq m^{-2} 增加到 3.99 meq m^{-2}。正电荷的氛围可以吸引产电菌在阳极材料表面大量附着，有利于电子的大量产生，间接提高了胞外电子转移速率。MFCs 的启动时间从 150 小时降低到 60 小时，MFCs 的最大功率密度提高了 20%，即从 1640 mW m^{-2} 提高到 1970 mW m^{-2}。另外，合适的阳极修饰材料能够弥补基底材料的不足。好的阳极修饰材料应该具备大的比表面积、多孔性、难腐蚀、无毒性、廉价易得、容易制备以及好的生物相容性等优点。构建合适的阳极电极修饰材料，为活性细菌提供更加适宜的生存微环境，促进胞外电子转移速率，从而能够提高 MFCs 的输出功率密度 [41, 73, 92-93]。

目前，用在 MFCs 的阳极修饰材料主要是以下几种。

碳材料具有很好的导电性、机械性能、化学稳定性和生物相容性，不同形貌会引起活性微生物的固定形式或电子传导距离的不同，进而影响胞外电子转移速率。碳材料的各种形貌如纳米颗粒、纳米管、纳米片等已经被广泛用于 MFCs 的阳极修饰材料中。

石墨烯作为一种物理化学性能优异的二维碳材料近年来备受关注 [94]，石墨烯较大的比表面积、良好的电子导电性和机械性能使得它在 MFCs 领域也得到广泛的应用。Zhang 等 [42] 通过氧化还原法制备的石墨烯作为阳极修饰材料首次用于 MFCs 中，MFCs 的最大功率密度达到 2668 mW m^{-2}，分别是聚四氟乙烯阳极和裸不锈钢网阳极的 17 倍和 18 倍。Liu 等 [95] 将石墨烯通过电化学沉积法沉积到碳布上用作 MFCs 的阳极修饰材料，最终 MFCs 的最大功率密度比不加修饰阳极的 MFCs 增加了 2.7 倍，同时能量转化效率提高了 3 倍。Tang 等 [96] 在石墨电极上原位电化学剥离石墨板成为石墨烯薄层并用作 MFCs 的阳极，获得 MFCs 的最大功率密度为（0.67±0.034）W m^{-2}。

碳纳米管作为一种一维碳材料，具有优异的导电性、良好的机械性能等物理和化学特性，也已经被广泛用于 MFCs 的阳极修饰材料中 [97]。Tsai 等 [97] 将多壁碳纳米管修饰的碳纸作为 MFCs 的阳极，MFCs 的功率密度得到显著提高，取得的最大功率密度为 65 mW m^{-2}，最高 COD 去除效率达到 95%，最大库伦效率达到 67%。Nambiar 等 [98] 采用多壁碳纳米管修饰的阳极，MFCs 的输出功率密度比未经修饰的阳极提高了 252.6%。

近年来，从自然界中直接取得的由特殊结构的生物质制备而成的纳米碳材料也被广泛用于 MFCs 的阳极修饰材料中，通常这些材料廉价易得，只需要简单的高温碳化就可以获得，而且具有很好的生物亲和性。例如：Yuan 等[99]利用网状丝瓜与聚苯胺高温碳化得到氮掺杂的大孔碳纳米材料用于 MFCs 的阳极。聚苯胺杂合的网状丝瓜络可以提升碳材料的微观结构，大孔结构利于活性细菌的负载和大量电子的生成，提高了 MFCs 阳极的胞外电子转移速率，MFCs 获得了较高的功率密度。Chen 等[100-102]通过将柚子皮、硬纸板以及洋麻茎高温碳化获得大孔材料并用于 MFCs 的阳极修饰材料，阳极的活性细菌能够生长在形成的大孔里，这样能够大大提高阳极活性细菌的附着量，增加胞外电子转移效率，从而 MFCs 获得较高的输出功率密度。

石墨烯、碳纳米管应用作为 MFCs 的阳极修饰材料之后，MFCs 的产电性能比之前得到大幅度提高，但是总体其功率输出还是偏低。单纯的石墨烯材料直接应用时，由于片层之间的静电作用会导致石墨烯片层的二次堆垛，影响它的导电能力和微生物附着面积。因此，研究者又致力于制备碳基的复合材料来进一步优化阳极修饰材料并提高 MFCs 的产电性能。Zhao 等[103]研制了带正电的离子液体功能化的石墨烯片层材料并用作 MFCs 的阳极材料，这种石墨烯材料片层被正电荷包围，由于静电作用的存在，更多活性微生物就会附着到材料表面有利于稳定生物膜的快速形成，提高了胞外电子转移速率。Song 等[104]通过水热法制备了石墨烯 / 四氧化三铁纳米复合物并用于 MFCs 的阳极修饰材料，功率密度得到显著提升。Song 等[105]还通过水热法结合冷冻干燥的方法制备了大孔的三维石墨烯 / 碳纳米管 / 四氧化三铁泡沫纳米复合材料并用做 MFCs 的阳极修饰材料，MFCs 的输出电压和输出功率都得到了大幅度提高，如图 1-8 所示。

本课题组[43]采用简单的水热法合成 Fe_3O_4 纳米球负载的还原氧化石墨烯纳米复合材料并用于 MFCs 的阳极修饰材料，同时探究了复合材料中 Fe_3O_4 含量的不同对于 MFCs 功率输出的影响，结果显示这种复合材料作为 MFCs 的阳极修饰材料能够显著提高胞外电子转移效率。其中，$FeCl_3$ 与还原氧化石墨烯投料比为 1.5 : 1 的复合材料作为阳极的 MFCs 其功率密度最高达到 1837.4 mW m^{-2}。Xie 等[106]制备了三维碳纳米管纺织物纳米复合物，并将其修饰碳布电极作为 MFCs 的阳极，这种复合材料中小孔的碳纳米管层置于大孔径的纺织物孔径中形成一种套合孔径结构，其中大孔径的纺织物结构适合活性微生物的附着和生长同时有利于底物的高效传输，而小孔径的碳纳米管结构能够与活性微生物膜发生强烈相互作用提高胞外电子转移速率，MFCs 的最大输出功率和最大输出电流分别提高了 68% 和 157%。

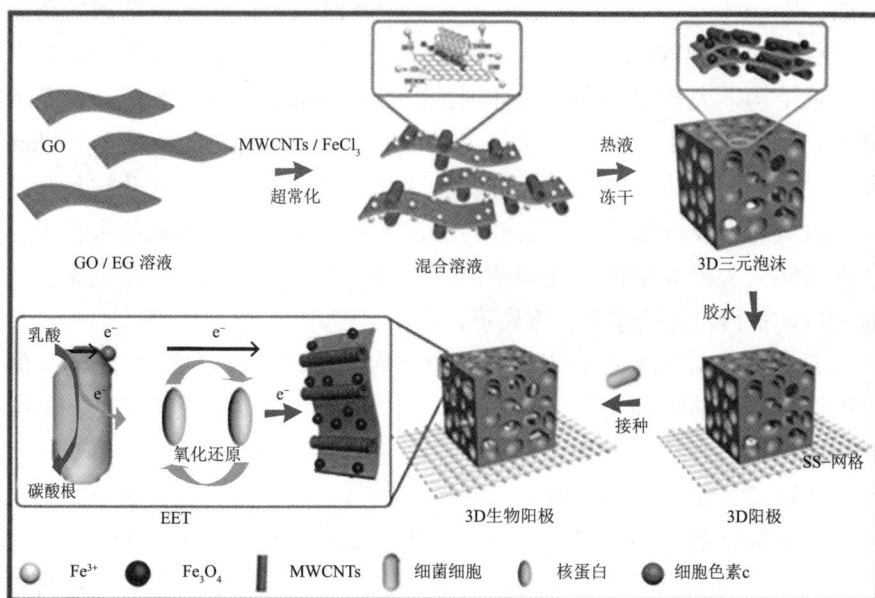

图 1-8　三维大孔石墨烯 / 多壁碳纳米管 / 四氧化三铁泡沫复合材料的
制备以及用于 MFCs 阳极修饰材料的示意图

导电聚合物如聚苯胺、聚吡咯、聚二烯丙基二甲基氯化铵等及其和碳材料的复合物已经被广泛用于 MFCs 的阳极修饰材料中。Zhao 等[107]通过电化学沉积法将聚苯胺长在石墨烯纳米片覆盖的碳纸上，构建了 MFCs 的阳极，得到 MFCs 的最大功率密度为 856 mW m^{-2}，同时指出在石墨烯片层上沉积带正电的聚苯胺结构可以通过静电作用吸引更多的产电微生物附着。Wang 等[108]准备了聚苯胺 / 介孔三氧化钨复合材料并将其作为 MFCs 的阳极材料，该 MFCs 产生的最大功率密度达到 980 mW m^{-2}，如图 1-9 所示。

Qiao 等[109]制备了聚苯胺 / 介孔二氧化钛复合材料将其用于 MFCs 的阳极，MFCs 的最大功率密度达到 1495 mW m^{-2}。Zou 等[110]通过原位合成聚吡咯修饰的碳纳米管复合材料作为 MFCs 的阳极修饰材料，结果显示该复合材料作为阳极的 MFCs 表现出优良的电子传递效率，MFCs 的输出功率也得到提高，MFCs 获得的最大功率密度是 228 mA m^{-2}。Wang 等[111]制备了聚（3，4- 乙烯二氧噻吩）/ 石墨烯复合材料，并将其修饰碳纸电极应用于 MFCs 的阳极，MFCs 的功率密度比用裸的碳纸电极作为阳极提高了 15 倍。Wang 等[112]制备出了具有吸盘结构的聚吡咯纳米线阵列，并将其用作 MFCs 的阳极材料，在这种阳极修饰材料上，活性微生物通过新陈代谢能够消耗掉吸盘结构内的氧气变成真空。形成的真空能够导致活性微生物与阳极产生很强的吸引力，从而促进胞外电子转移速率，MFCs 的最大功率密度能够达到 728 mW m^{-2}。我们课题组[44]通过简单的超声共混法制备了聚二烯丙基二甲基氯化铵功能化的还原氧化石墨烯纳米复合材料，并将此复合材料用作 MFCs 的阳极修饰材料，MFCs 的功率密度得到显著提高。

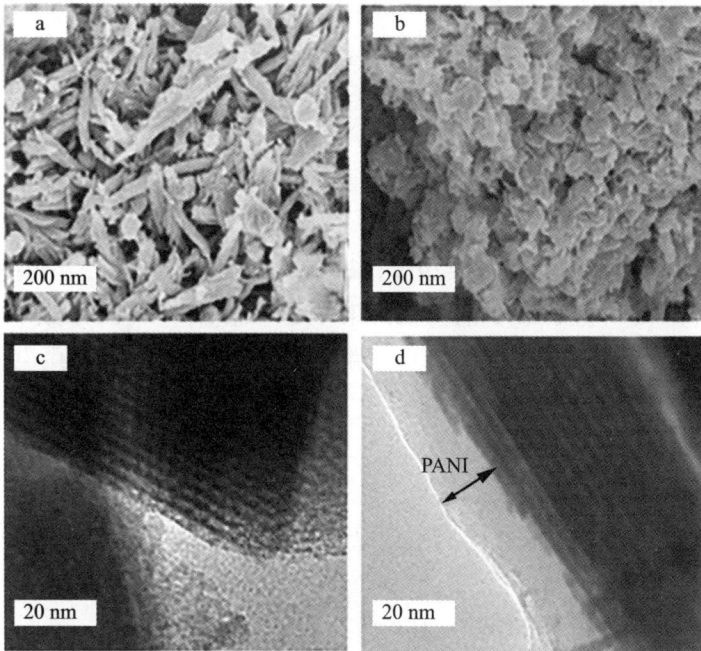

图 1-9　介孔三氧化钨（A 和 C）和聚苯胺 / 介孔三氧化钨复合材料（B 和 D）的 SEM 和 TEM 图

除碳材料、碳基复合材料和导电聚合物材料外，金属材料也被广泛用于 MFCs 的阳极修饰材料中[113]。Sun 等[114]将镀上金膜的碳纸电极用作 MFCs 的阳极，实验结果显示镀金膜的碳纸电极表面附着有更多的活性微生物，且金膜的导电性更高能将电子快速转移，使得 MFCs 的输出功率密度更高。Zhao 等[115]制备了金纳米粒子负载的石墨烯纳米复合材料，将此材料用作 MFCs 的阳极，MFCs 的最大输出功率密度得到显著提高，达到 508 mW m^{-2}。Deng 等[116]制备了金纳米粒子负载的四氧化三铁纳米微球复合材料，MFCs 的输出电流相比裸玻碳电极增加了 22 倍，达到 19.78 μA。

1.2.10 MFCs 阴极的研究

非生物阴极指的是传统的 MFCs 其阳极通过活性微生物作为生物催化剂，其阴极不用微生物。非生物阴极主要是对于阴极材料的选择，而阴极材料的选择与选用的电子受体密切相关。常用的电子受体主要是水溶性的阴极电解溶液和氧气。目前实验室基础研究双室型 MFCs 常用的水溶性阴极电解溶液是铁氰化钾溶液，由于铁氰化钾只有 0.36 V 的超电势，用铁氰化钾溶液作为电子受体时，能够降低反应的过电势，阴极材料直接选用碳布、碳毡、碳纸等材料就可以取得很好的效果。可是，选用铁氰化钾溶液作为电子受体的不足之处是阴极溶液需要经常更换，比较烦琐，只能作为实验室基础研究，不适合放大化实用研究[117-118]。

氧的标准电极电势为 1.229 V，氧作为阴极电子受体，方便快捷、廉价易得、最终产物是 H_2O 清洁无污染，是 MFCs 阴极电子受体的最优选择。阴极电子受体选用氧气时，反应路径主要是两种，一种是两电子路径，分为两步：

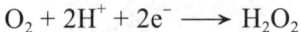

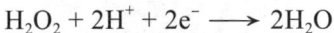

$$O_2 + 2H^+ + 2e^- \longrightarrow H_2O_2$$
$$H_2O_2 + 2H^+ + 2e^- \longrightarrow 2H_2O$$

其中，第一步的氧化还原电位是 0.695 V，第二步的氧化还原电位是 1.700 V。

另一种是四电子路径，只有一步反应：

$$O_2 + 4H^+ + 4e^- \longrightarrow 2H_2O$$

在这一步反应中，氧化还原电位是 1.229 V。

可见，两电子路径中反应生成的过氧化氢能够增加过电势，而四电子路径是氧气直接被还原为 H_2O，所以氧气经四电子路径能量损失较低更加容易反应。但是，两电子路径与四电子路径常常会出现竞争反应，产生的过氧化氢还具有一定的腐蚀性。这两种路径在化学热力学上都可以进行，而在实际中却反应速率较为缓慢，用氧气直接作为阴极电极受体的 MFCs 产电性能往往低于用铁氰化钾溶液作为电子受体的 MFCs。

Oh 等[45] 对氧气和铁氰化钾作为电子受体的双室 MFCs 的产电性能进行了研究比较，结果显示前者的最大功率密度仅为后者的 55% ~ 66%。因此，越来越多的研究者致力于制备阴极氧还原电催化材料，降低氧还原活化电势，旨在提高氧还原的动力学过程。金属铂是我们所熟知的使用最广的阴极氧还原催化剂，具有非常好的催化活性，能够降低反应的活化能和提高反应效率，并提高 MFCs 的产电性能。可是金属铂价格昂贵，成本太高，在溶液中容易产生催化剂中毒，不适宜长久使用。所以寻找其他能够代替金属铂的廉价易得的非贵金属型阴极氧还原电催化剂也是 MFCs 阴极的发展方向。一些廉价的过渡金属或其氧化物常被用作 MFCs 阴极的电催化剂。

Morris 等 [119] 通过 PbO_2 取代金属铂作为 MFCs 的阴极氧还原电催化剂，MFCs 的产电性能能够提高 2 ～ 4 倍。Zhang 等 [120] 通过水热法制备了过渡金属二氧化锰的不同晶型 α-MnO_2、β-MnO_2、γ-MnO_2，并将其用作电活性菌 *Klebsiella pneumoniae* 为生物催化剂、葡萄糖作为底物的 MFCs 的阴极电催化剂，结果显示 β-MnO_2 具有最高的催化活性，MFCs 获得最大的体积功率密度为（3773±347）mW m^{-3}。这个研究表明 β-MnO_2 有可能替代金属铂作为 MFCs 的阴极氧还原电催化剂。

在此研究的基础上，Lu 等 [121] 制备了以碳纳米管为支撑的二氧化锰的不同晶型 α-MnO_2、β-MnO_2、γ-MnO_2 材料，将其用于空气阴极型 MFCs 的阴极电催化剂，实验结果发现 β-MnO_2-碳纳米管阴极的 MFCs 产生最大的功率密度为 97.8 mW m^{-2}。Park 等 [122] 将含三价铁的化合物加入阴极液中，三价铁获得阳极从外电路运送过来的电子还原成二价铁，之后氧气将二价铁又氧化成三价铁，这样相当于电子介体的作用，电子最终还是与氧气结合，但是含铁化合物的加入可以提高反应速率，进一步提高了 MFCs 的产电性能。Zhao 等 [123] 通过采用含有钴的聚合物 CoTMPP 修饰 MFCs 的阴极，MFCs 的产电性能近似于金属铂。Cheng 等 [124] 制备了聚四氟乙烯 / 碳毡电极作为 MFCs 的阴极，MFCs 的库伦效率和产电性能都得到提高。Yuan 等 [125] 制备了聚吡咯 / 炭黑复合物作为 MFCs 的阴极氧还原电催化剂，实验结果显示这种复合物能够替代传统的阴极材料，MFCs 的最大功率密度达到 401.8 mW m^{-2}。

另外，金属酞菁络合物材料也被广泛应用于 MFCs 的阴极氧还原电催化剂中 [126-128]。

传统的 MFCs 只是将活性微生物用在阳极作为生物催化剂，近些年来研究者们在 MFCs 的阴极也用到活性微生物，这就是所谓的生物阴极。

MFCs 的阴极当有活性微生物的参与时，反应的动力学已不只是催化剂与阴极电极界面之间的电子传输，也涉及催化剂内部电子传输以及底物的传质 [129-134]。Reimers 等 [135] 对附着在阴极表面的活性微生物菌群结构进行了分析，发现在阴极电极上吸附的主要是细菌 *Pseudomonas fluorescens*，可是微生物催化氧还原的反应机理还不清晰。Rabaey 等[136] 通过研究发现在阴极接种了细菌后 MFCs 的产电功率提高了 2 倍多。Bergel 等[137] 分析了生物阴极 MFCs 在将阴极生物膜清理前后电池产电的变化，证明了阴极微生物膜在阴极氧还原过程中发挥了作用，生物阴极 MFCs 的产电性能得到提升。Clauwaert 等[138] 在植物培养基上构建了微生物阴极，发现其产电功率密度相近于铁氰化钾作为阴极的 MFCs。此外，一些电活性微生物能够将呼吸作用与自身底物代谢相结合，在催化阴极反应发生的同时还能产生如氢气等燃料。Jeremiasse 等[133] 在 MFCs 中应用微生物阴极，在电化学半电池中，当阴极电压是 –0.7 V 时，生物阴极的 MFCs 比非生物阴极的 MFCs 输出更高的电流密度（3.3 A m^{-2}，1.9 A m^{-2}），标志着在 MFCs 的生物阴极上氢气的产生很可能是被电活性微生物催化，生物阴极上氢气的回收率是 21%，而非生物阴极上是 17%。

MFCs 的阴极还可以与光催化结合构建光电催化阴极来提升 MFCs 的性能。阴极引入光催化后，MFCs 阴极光电催化与阳极的微生物代谢有机物能够协同作用，有效实现在 MFCs 中光催化与电催化的结合，光电催化剂一般是具有电催化性质和光吸收性质的材料复合形成，应该具备一定的导电性能够提供电催化活性中心，与此同时还能吸收光能传导光生电子。对 MFCs 光电催化剂的选择需要充分考虑阴极电解溶液、光电催化剂、阳极活性微生物三部分的互相制约关系[139-141]。光照下，半导体材料能够产生光生电子和光生空穴，光生电子可以转移进入电催化活性中心参与电催化反应，与此同时 MFCs 的阳极经外电路传输到阴极的电子除了与光生空穴结合还可以参与阴极电极反应。MFCs 中光电催化阴极的原理如图 1-10 所示。

Cu$_2$O 属于一种 p 型半导体，Qian 等[139] 合成 Cu$_2$O 纳米阵列应用到 MFCs 的光电阴极修饰材料，在一定的光照强度下，MFCs 产生了 200 μA 的电流。Zhang 等[142] 成功制备了碳层保护的 Cu$_2$O 纳米阵列并应用到 MFCs 的光电阴极修饰材料中，结果显示在提高光电流的同时还提高了材料的光稳定性。TiO$_2$ 也属于一种应用广泛的半导体材料，可是 TiO$_2$ 较窄的带隙宽度只能吸收少量可见光，而且形成的电子空穴对较难分离[140-141]，如果将 TiO$_2$ 与导电性较好的材料或者其他材料制成复合材料可以提高 TiO$_2$ 的光电转化效能。Shang 等[143] 合成了三维的 Bi$_2$WO$_6$/TiO$_2$ 复合物，Bi$_2$WO$_6$ 和 TiO$_2$ 之间的电子和空穴的转移能够活化 TiO$_2$。

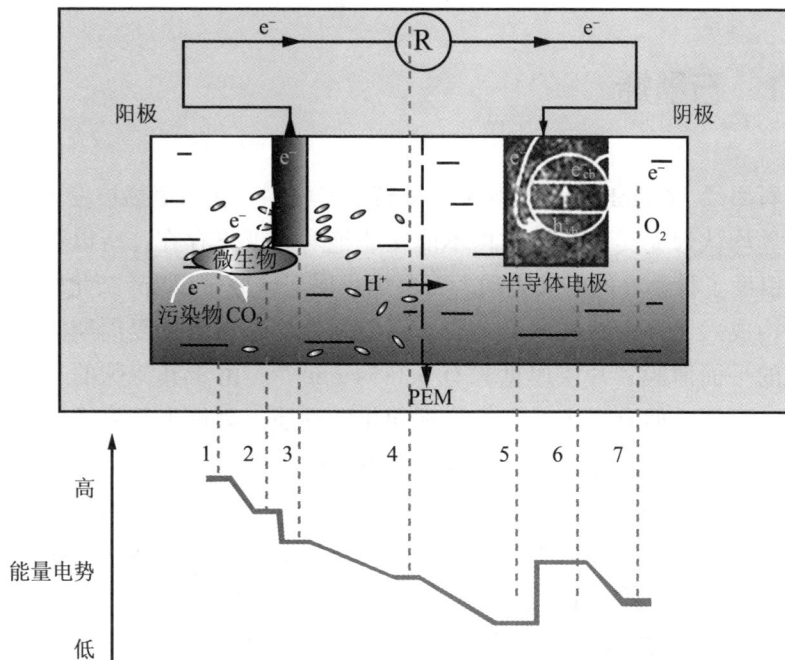

图 1-10 MFCs 中光电催化阴极的原理示意图

1.3 碳纳米材料

纳米材料指的是在三维空间中至少有一维处于纳米尺寸（1 ~ 100 nm）或者由其基本单元构成的物质结构。当材料处于纳米尺度时，由于其中的电子平均自由程变小引起的电子间的相互作用增加，使得纳米材料出现异乎寻常的如空间量子隧道效应、小尺寸效应等物理化学效应[144-145]。纳米材料按照维度区分，主要可以分为三种：① 零维纳米材料，即材料的空间三维尺寸都在纳米尺度，纳米微球、纳米颗粒等属于此类；② 一维纳米材料，即材料的三维尺度中有两维处于纳米尺寸，纳米线、纳米管等属于这类；③ 二维纳米材料，即只有一维尺寸在纳米尺度范围，纳米片和纳米薄膜属于此类。

纳米材料中的一个非常重要的研究领域就是碳纳米材料，石墨烯和碳纳米管就是我们熟悉的碳纳米材料，它们已经在各种领域得到广泛的应用。

1.3.1　石墨烯

石墨烯（Graphene）是一种二维碳纳米材料。在石墨烯被发现之前，科学界均认为完美的二维结构不能在非绝对零度下存在，所以石墨烯的发现引发了科学界的巨大轰动。石墨烯片层上碳原子以 sp^2 杂化轨道紧密连接构成六元环形状的网格结构，石墨烯片层是具有重复周期的蜂窝状结构的平面薄膜，片层厚度只有 0.3354 nm[146]。由于其特殊的二维晶体结构，石墨烯拥有很多特别的物理和化学性质。理论上石墨烯的比表面积达 2600 m^2 g^{-1}，机械强度能够达到 130 GPa，热导率达 5000 J m^{-1} K^{-1} s^{-1}。由于石墨烯片层上强的原子间作用力以及表面离域 π 电子的自由移动，石墨烯具有非常好的电子导电性能，石墨烯的电子传递速率远超过一般的半导体，石墨烯上电子传输速率为硅元素的 100 倍[147]。由于石墨烯的禁带宽度近似为零，载流子迁移率高达 $2×10^5$ cm^2 V^{-1} s^{-1}，有希望取代硅作为未来纳米电路的新型材料[148-153]。石墨烯属于零带隙半导体，特有的能带结构使其出现不规则量子霍尔效应[154]。另有研究发现将石墨烯接到两个电极上竟然出现了超导电流，说明了石墨烯具有超导性能，同时还发现石墨烯超导性能要高于富勒烯和碳纳米管[155]。石墨烯还具有一定的光学性质。研究显示当照射白光时，单层的石墨烯能够吸收可见光的 2.3%，透过率是 97.7%[151]。石墨烯的锯齿形结构边缘具有孤对电子，研究发现石墨烯的单氢化与双氢化锯齿状边缘显示出一定的铁磁性能。采用化学改性或者剪裁的方式能够对石墨烯的磁性进行有效调控[156]。总之，由于石墨烯具有优异的力学、电学、热学、光学和磁学性能，在能源、材料、传感器、超级电容器、光学器件、电子器件以及医学器械等各种领域都具有巨大的应用潜力[157-162]。

石墨烯的制备方法有很多，如机械剥离、化学氧化还原法、外延生长法或者化学气相沉积法等，概括如下。

1. 氧化还原法

氧化还原法制备石墨烯属于一种化学方法。制备步骤通常首先是采用高锰酸钾、浓硫酸或五氧化二磷等强氧化剂对天然石墨、碳纤维等石墨类材料进行强烈的氧化。在这个强氧化的过程中，氧原子能够进入到石墨的层间结合 π 电子将层间的 π 键打开，加大了层间距降低层间范德华力的同时，得到分子表面及边缘含有大量环氧基、羧基、羟基等含氧基团的石墨层间化合物。同时石墨表面从原来的疏水性变为亲水性，石墨的层间距离从原来的大约 0.34 nm 增加到大约 0.78 nm。然后，石墨层间化合物经过进一步的剥离形成氧化石墨烯（Graphene oxide）胶体。在这里的进一步剥离一般采用将石墨氧化物的悬浮液在一定功率下超声的方法，这个过程会破坏石墨层间的共轭结构并降低其导电能力，之后再经硼氢化钠或水合肼等强还原剂还原得到几层甚至单层的还原氧化石墨烯片层。还原可以采用热还原、化学还原或者溶剂热还原等方法将表面的含氧基团去除，恢复石墨片层的 sp^2 杂化结构[163-165]。这种合成方法耗时短、操作简单、容易控制、反应条件温和、产量大，可以实现石墨烯的大批量生产。但是，通过氧化还原法制备的石墨烯一般含有较多缺陷且通常是单层或数层的混合物。但是，氧化还原法仍然是目前大批量生产石墨烯所采用的主要方法。

2. 化学气相沉积法

化学气相沉积法（Chemical vapor deposition，CVD）是一种工业上应用非常广泛的大规模制备薄膜材料的方法，通常也被用于制备层数面积可控并且结构均匀的石墨烯片层。化学气相沉积方法制备石墨烯的步骤是：首先是甲烷、乙烯、乙炔等能在高温气氛下分解的前驱物经高温加热催化裂解生成碳原子，再经高温退火的方式使得碳原子在热的金属薄膜等固态基底表面沉积，之后再去除金属基底得到石墨烯的方法[166]。如 Nandamuri 等[166]通过原料乙炔作为碳源在较低的温度下制备出石墨烯膜。化学气相沉积法制备石墨烯通常是在铜、镍等过渡金属上进行[167-168]。通过化学气相沉积法制备石墨烯一般需要注意的是固态基底、生长条件和不同类型的前驱体。操作过程中应该注意调控基底种类和性质、前驱体流速以及生长温度等[169]。

3. 机械剥离法

最早获得片层石墨烯的方法就是机械剥离法。天然石墨片层之间通过分子间的范德华力相互结合，通过用胶带撕拉等机械方法就可以从石墨表面剥离出石墨烯片层。Novoselov 等[146]在 2004 年把 1 mm 厚的高度定向热解石墨通过光刻胶粘到玻璃衬底上，之后通过胶带反复撕拉，就得到石墨烯薄片。之后把粘有石墨烯薄片的玻璃置于丙酮中超声，并放入二氧化硅薄膜的单晶硅片，通过毛细管力或范德华力的作用石墨烯片层就会吸附到丙酮下面的单晶硅片上，通过原子力显微镜和扫描电镜能够清晰地看到单层和多层石墨烯的存在，如图 1-11 所示。

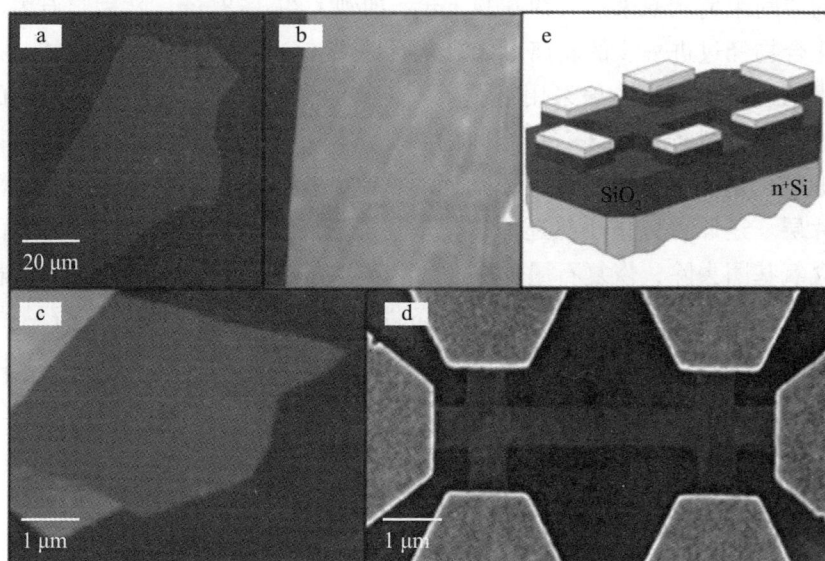

图 1-11　（a）石墨烯在单晶硅片上的图片；（b）和（c）石墨烯的 AFM 图；
（d）装置的 SEM 图；（e）对应（d）图的示意图

机械剥离法制备石墨烯成本低花费小、操作简单且得到的石墨烯片层结构不受破坏，但是这种方法不容易控制尺寸、重复性较差且产量低，只是用于基础研究，不适合规模放大使用。

4. 电化学法

电化学法指的是借助电位的调节改变电极表面费米能级进而调节材料的电子状态对材料可控制备的一种方法。Zhou 等[170]采用电化学恒电位法还原氧化石墨成为石墨烯。电化学法制备石墨烯的优点是成本低廉、绿色环保，不需要外加还原剂也不会破坏石墨烯的基本结构，缺点是对石墨烯的层数不能控制。

5. 其他方法

石墨烯的制备方法除了以上介绍的几种外，还有碳纳米管切割法[171]、外延生长法[172-173]、超声法[174]、化学合成法[175-177]、金刚石高温转化法等[178-179]。总之，石墨烯的制备方法很多，可是与高质量高标准大规模的工业需求还有一定的距离，还是有很多需要解决的难题，所以需要制备方法的不断发展和进一步优化。

由于石墨烯片层之间具有范德华力，很容易引起片层之间的二次堆叠，这无形中限制了石墨烯的进一步推广应用。所以，构建石墨烯基复合材料能有效避免石墨烯片层间的堆垛，提高石墨烯的性能。目前用于石墨烯基复合材料的通常是以下几种。

1. 石墨烯与其他碳材料的复合材料

用于和石墨烯复合的碳材料有碳纳米管、富勒烯等，通过这些碳材料与石墨烯的复合，能够协同发挥二者的优势，使得复合材料具有更好的性能[180-181]。Qiu 等[182]研究发现加入一定量的氧化石墨烯后有利于碳纳米管膜的形成，碳纳米管石墨烯复合物膜不仅柔韧性增加，而且导电率得到提升。

2. 金属纳米粒子石墨烯复合材料

石墨烯大的比表面积有利于金属纳米粒子的锚定，其表面的含氧基团有助于金属纳米粒子的成核，二者的协同优势可以提高复合物的催化活性。与石墨烯复合的金属纳米粒子有金、银、铂、钯等[183-185]。通常通过原位生长的方法加入金属的前驱体和还原剂在石墨烯的表面能够直接原位形成金属纳米粒子负载的石墨烯复合材料。如 Zhang 等[186]通过硼氢化钠作为还原剂，氯金酸和氯铂酸作为金属前驱体获得铂金纳米粒子负载的石墨烯纳米复合材料。

3. 金属氧化物石墨烯复合材料

金属氧化物石墨烯复合材料的金属氧化物常见的有 Fe_3O_4、Fe_2O_3、TiO_2、SnO_2、MnO_2 和 Co_3O_4 等[187-190]，制备方法通常是将含金属粒子的盐溶液、还原剂与氧化石墨烯混合，然后通过溶剂热、水热法或其他方法等合成对应的金属氧化物石墨烯复合材料。如 Song 等[104]以 $FeCl_3$ 作为前驱物，乙二醇作为还原剂通过溶剂热法制备 Fe_3O_4 纳米球负载的还原氧化石墨烯复合材料。

4. 聚合物石墨烯复合材料

聚合物石墨烯复合材料的聚合物由于表面电荷的静电作用能够有效防止石墨烯片层间由于范德华力的存在引起的堆垛。常用的聚合物有聚苯胺、聚吡咯、聚苯乙烯、聚二烯丙基二甲基氯化铵等[191-193]，常用的合成聚合物石墨烯复合材料的方法是共混法或原位聚合法。Zhang 等[194] 采用苯胺作为单体在酸性条件下利用原位聚合方法得到聚苯胺还原氧化石墨烯复合材料。Zhang 等[195] 采用原位聚合法制备出聚乙烯醇石墨烯复合物。

各种石墨烯基复合材料具有优异的机械、热学、光学和电学性能[196]，目前已被应用于诸多领域，如燃料电池[197-199]、锂离子电池[200, 201]、超级电容器[191, 202]、生物传感器[203-205] 和催化领域[206-209] 等。

1.3.2 碳纳米管

碳纳米管（Carbon nanotubes）自 1991 年被发现以来，一直受到科学界的广泛关注[210]。碳纳米管是具有层状中空结构，径向为纳米尺寸，轴向为微米尺寸的一维碳纳米材料。碳纳米管的管身由六边形碳环结构构成，而端帽部分的碳环结构是五边形或七边形，管两端大都封口[211-212]，其碳原子主要是 sp^2 杂化方式与周围的三个碳原子键合，一些碳原子采取的是 sp^3 杂化形式[213]。碳纳米管分为多壁碳纳米管和单壁碳纳米管。多壁碳纳米管是数层或者数十层具有一定层间距的同轴碳管套构形成，外径大约在数纳米到数十纳米之间，内径较小只有大约 1 nm。单层石墨层构成直径分布范围较小高度均一性的单壁碳纳米管。碳纳米管独特的结构特征决定了它具有优异的物理和化学特性。主要表现如下。

1. 电学性能

碳纳米管上的碳原子上 p 电子形成的离域大 π 键使其具有强的共轭效应，所以碳纳米管具有优异的电学性能。碳纳米管具有很好的导电性，Cu 的电导率也只是碳纳米管的万分之一。理论预测碳纳米管管径和管壁的螺旋角在一定程度上能够决定它的导电性能，管径小于 6 nm 时其导电性能很强，管径大于 6 nm 时其导电性出现下降。如果在碳纳米管中插层某些卤素元素或者碱性物质，则掺杂物质和碳纳米管可以发生一定的电荷传导，掺杂后的碳纳米管的导电能力大大提高[214-216]。

2. 力学性能

碳纳米管上的离域大 π 键以及绝大部分碳原子的 sp^2 杂化中占成分较大的是 s 轨道使得碳纳米管具有特殊的力学性能。碳纳米管的抗拉强度远大于普通材料，为钢的 100 多倍，弹性模量是钢的 5 倍[217-218]。有研究发现碳纳米管的弹性形变区域和抗压能力很大，当碳纳米管受力后发生超过 5% 的形变时，碳纳米管管身就会同时出现六边形、七边形和五边形的碳环构型来缓解压力，而压力被撤去后碳纳米管的管身又自动恢复它的六边形碳环构型 [219-221]。

3. 光学性能

碳纳米管具有很好的发光强度和发光性能。Wei 等 [222] 和 Zhang 等 [223] 分别通过实验证明了碳纳米管的电致发光效应和光致发光效应。

4. 热学性能

碳纳米管较大的长径比使得它沿管长方向的热交换性能很高，而其垂直方向的热交换性能并不高，因此若取向合适，碳纳米管能够成为优异的热传导性材料 [224]。

碳纳米管的制备主要体现在碳原子的重新排列。碳纳米管的制备方法有很多，选用不同的制备方法由于反应条件、温度以及所选用催化剂的不同导致获得的碳纳米管长径比也不相同。碳纳米管的制备方法主要是：电弧放电法 [225]、激光溅射法 [226] 和化学气相沉积法等 [227]。

碳纳米管独特的结构使得它在诸多领域都具有潜在的应用价值。如电容器、催化、燃料电池、气体传感器、电化学传感器等领域 [228-230]。

1.4 研究思路和主要研究内容

1.4.1 研究思路

MFCs 具有巨大的应用潜力，在处理有机废水的同时能产生电能的特殊产电方式已经受到了国内外相关领域研究者的广泛关注。尽管目前研究者们已经在活性微生物的选择、电池构型、质子交换膜的有无、阳极材料和阴极材料的设计等方面做了大量的研究工作也取得了很多非常有价值的成果，可是 MFCs 缓慢的胞外电子转移速率和较低的产电功率密度输出仍然是限制其进一步发展和应用的主要因素，有关 MFCs 的研究还有非常大的提升空间。阳极修饰材料的构建和性能对 MFCs 胞外电子传输和输出功率密度的影响很大。设计制备方法简单、廉价易得的新型多功能纳米复合材料作为 MFCs 的阳极修饰材料对 MFCs 性能的提升有重要的研究价值。

本研究基于还原氧化石墨烯和多壁碳纳米管优异的物理化学性能，结合聚阳离子电解质聚二烯丙基二甲基氯化铵（PDDA）、含铁化合物（FeS_2、Fe_2O_3）以及 MoO_2 纳米粒子良好的生物亲和性，通过简单的方法制备了 PDDA-rGO、含铁化合物 /rGO、MoO_2/MWCNTs 三种碳基纳米复合物用于 MFCs 的阳极修饰材料中，并对其产电机理进行了一定的研究。

大肠杆菌属于兼性厌氧型的革兰氏阴性菌，是人和动物肠道内的正常栖居菌，也是与我们日常生活关系非常密切的一类细菌。大肠杆菌其结构简单、繁殖迅速且容易培养。因此，本研究中选用大肠杆菌（BNCC，编号：133264）作为产电模式菌种构建双室型 MFCs 进行相关研究。

1.4.2　主要研究内容

第一，通过简单的超声共混法制备了聚二烯丙基二甲基氯化铵（PDDA）功能化的还原氧化石墨烯纳米复合材料 PDDA-rGO，并通过 SEM、TEM、XPS、TGA、Laman 等技术对其形貌、组成和热稳定性进行了表征。将该复合材料修饰碳纸电极用作大肠杆菌型 MFCs 的阳极修饰材料。通过电化学循环伏安法证明了聚电解质 PDDA 对还原氧化石墨烯的功能化能够有效增大阳极的电化学活性面积，通过对生物膜的 SEM 表征证实了 PDDA-rGO 修饰阳极对活性微生物良好的生物亲和性，另外聚阳离子电解质 PDDA 的引入能有效吸引产电微生物的大量聚集，有利于阳极稳定生物膜的快速形成。实验结果显示 PDDA-rGO 纳米复合材料作为修饰阳极的 MFCs 最大功率密度远高于未经功能化的 rGO 和裸碳纸阳极 MFCs，且显示了长期的运行稳定性。同时我们也对该复合材料应用于 MFCs 阳极的产电机理和功率提升机制进行了深入的研究和探讨。

第二，通过简单的水热法结合冷冻干燥技术原位合成了多元铁化合物修饰的 rGO 纳米复合材料，通过调节 pH 调控纳米复合材料的形貌和组成，并通过 SEM、TEM、TEM-Mappings、XRD、XPS 等技术对其进行了表征，证实了通过调节前驱物的 pH 能有效调控多元铁化合物的形貌和晶相组成，同时对这些纳米复合物的形成机理也进行了进一步的探究。将这些纳米复合材料修饰的不锈钢网用作 MFCs 的阳极修饰材料，MFCs 的功率密度得到提升。

第三，通过氢氩混合气（10%）还原多壁碳纳米管上磷钼酸水合物的方法制备了 MoO_2 纳米粒子修饰的多壁碳纳米管纳米复合物 MoO_2/MWCNTs，通过 SEM、TEM、XRD 等技术对复合材料进行了相应的表征，证明了 MoO_2 纳米粒子修饰 MWCNTs 复合材料的形成。通过电化学循环伏安技术证明了 MoO_2 纳米粒子修饰的多壁碳纳米管复合材料具有较大的电化学活性面积，这有利于活性微生物的大量附着，将此复合材料修饰碳布电极用于 MFCs 的阳极修饰材料，MFCs 的产电功率密度得到显著提升，且 MFCs 显示出长期的电压输出稳定性。

第 2 章　实验部分

2.1　实验主要试剂、材料和器材

2.1.1　主要试剂

实验中所用的主要试剂见表 2-1。

表 2-1　实验中所用主要试剂

试剂	规格	购买厂家或单位
PDDA	分子量 400000 ~ 500000，20 wt%	阿拉丁生化科技股份有限公司
NaCl	分析纯	天津市光复科技发展有限公司
无水三氯化铁	化学纯	国药集团化学试剂有限公司
硫脲	分析纯	天津市科密欧化学试剂有限公司
磷钼酸水合物	分析纯	阿拉丁生化科技股份有限公司
无水乙醇	分析纯	天津市光复科技发展有限公司
无水葡萄糖	分析纯	天津市科密欧化学试剂有限公司
酵母浸膏	分析纯	北京奥博星生物技术有限公司
营养琼脂	分析纯	北京奥博星生物技术有限公司
营养肉汤	分析纯	北京奥博星生物技术有限公司
Nafion- 乙醇溶液	5.0%	美国杜邦公司

试剂	规格	购买厂家或单位
2- 羟基 1，4 萘醌（HNQ）	97%	Sigma-Aldrich 有限公司
NaHCO$_3$	分析纯	天津市大茂化学试剂厂
NaH$_2$PO$_4$ 2H2O	分析纯	国药集团化学试剂有限公司
KCl	分析纯	天津市光复科技发展有限公司
戊二醛	50%	阿拉丁生化科技股份有限公司
K$_3$[Fe(CN)$_6$]	99.5%	天津市风船化学试剂科技有限公司
H2O$_2$	30%	天津市大茂化学试剂厂
浓硫酸	98%	洛阳市化学试剂厂
超纯水（UP 水）	$\rho = 18.25$ MΩ cm	实验室自制

2.1.2　主要材料和器材

实验中所用的主要材料和器材见表 2-2。

表 2-2　实验中所用主要材料和器材

材料	规格	购买厂家或单位
质子交换膜	Nafion 212	美国杜邦公司
碳纸	21 cm×20 cm×0.3 mm HCP030N，030P	上海河森电气有限公司
碳布	21 cm×20 cm HCP331P	上海河森电气有限公司
不锈钢网	20 cm×20 cm	山西凯旋科技有限公司
还原氧化石墨烯	1 ~ 5 层和 5 ~ 10 层	青岛天源达有限公司
多壁碳纳米管	20 ~ 40 nm（diam.） 5 ~ 15μm（length）	东京化成工业株式会社

续表

材料	规格	购买厂家或单位
炭黑 XC-72	99.9+%	美国卡博特公司
大肠杆菌	133264	苏州北纳创联生物技术有限公司
高纯氮气	99.999%	太原市泰能气体有限公司
银—氯化银电极	3.0 M KCl	上海越磁电子科技有限公司
铜线	10 m	山西凯旋科技有限公司
铂片电极	1.0 cm×1.0 cm	上海越磁电子科技有限公司
AB 胶	50 mL	得力集团有限公司
隔水式恒温培养箱	GHP-9080	上海申贤恒温设备厂
超净台	JJ-CJ-1FD	吴江市净化设备总厂
水浴恒温锅	LKTC-L	无锡远路贸易有限公司
手提式蒸汽不锈钢锅	YX280B	上海三申医疗器械有限公司
可调变电阻箱	ZX21	杭州富阳鸿祥电工仪表有限公司
红外烘烤灯	数显	中镜科仪
移液枪	100 ~ 1000 μL	大龙兴创实验仪器有限公司

2.2　实验主要仪器

2.2.1　材料制备过程中用到的主要仪器

材料制备过程中用到的主要仪器见表 2-3。

表 2-3　材料制备过程中用到的主要仪器

仪器	型号	购买厂家或单位
真空干燥箱	DZF-6020	上海一恒科学仪器有限公司
高速离心机	TG16-WS	湖南湘仪离心机仪器有限公司
数字型磁力搅拌器	81-2	上海司乐仪器有限公司
分析天平	Quintix-124-1CN	赛多利斯科学仪器有限公司
超声波清洗仪	SCQ5211	上海声彦超声波仪器有限公司
优普系列超纯水机	UPH-111-10T	成都超纯科技有限公司
管式炉	GSL-1100X-S	合肥科晶材料技术有限公司
精密 pH 计	AZ8692	衡欣科技股份有限公司
原位冷冻干燥机	SCIENTZ-10ND	宁波新芝生物科技股份有限公司

2.2.2　材料表征和测试过程中用到的主要仪器

材料表征和测试过程中用到的主要仪器见表 2-4。

表 2-4　材料表征和测试过程中用到的主要仪器

仪器	型号	生产厂家或单位
X 射线粉末衍射仪	Ultima IV-185	日本 Rigaku 公司
扫描电子显微镜	JSM-7500F	日本 JEOL
透射电子显微镜	JEM-2100	日本 JEOL
能谱仪	X-MaxN TSR	英国 OXFORD
X 射线光电子能谱仪	K-AlPHA+	美国 Thermo Fischer Scientific
热重分析仪	TGA/DSC，1/1600HT	瑞士 Mettler-Toledo 公司
激光拉曼光谱仪	DXR	美国 Thermo Fischer Scientific
电化学工作站	CHI660，CHI760e	上海辰华仪器有限公司
电压测试卡	NI6009	美国 National Instruments 公司

2.3　材料物理性能表征

2.3.1　X 射线衍射（XRD）表征

本研究中用于对复合材料的 XRD 表征是在型号为 Ultima IV-185、X 光管采用铜靶的 X 射线衍射仪上进行的。制样时需要注意的是应将复合材料的表面按压平整并平铺于样品槽中，扫描角度是 5°～80°。

2.3.2　扫描电子显微镜（SEM）表征

选用型号为 JSM-7500F 的扫描电子显微镜对纳米复合材料的表面形貌以及阳极生物膜进行分析表征。制样过程需要注意的是取很少量的复合材料粉末置于导电胶上铺匀，喷铂增加其导电性后置于样品台上观察。

2.3.3　透射电子显微镜（TEM）表征

选用型号为 JEM-2100 的透射电子显微镜对复合材料的微观结构进行表征。制样过程：取尽可能少量的复合材料粉末分散于 1.0 mL 的无水乙醇溶液中超声直到粉末分散均匀，用吸管吸取少量悬浮液滴在铜网上，红外灯下彻底晾干后转移到样品台上进行观察。

2.3.4　X 射线光电子能谱（XPS）表征

采用 X 射线光电子能谱仪对纳米复合材料中元素的组成和价态进行表征。制样时需要注意的是样品要平铺并尽量均匀，同时注意不要被污染。应用 XPS PEAK41 软件对不同元素的 XPS 数据进行分峰分析。

2.3.5　热重（TGA）分析

热重分析方法是指在程序控温条件下来测量材料的质量随温度的变化关系。本研究中采用热重分析仪（TGA/DSC，1/1600HT）对复合材料的质量随温度的变化关系进行分析，升温速率为 10 °C min^{-1}。

2.4　电化学测试方法

本研究中所有的电化学测试都是在上海辰华 CHI660 或 CHI760e 型电化学工作站上进行，所有电化学测试均在常温下执行。实验中主要用到的电化学测试技术如下。

2.4.1　循环伏安法

循环伏安法（Cyclic voltammetry，CV）是一种最基础且最常用的电化学测试方法。CV 法指的是在不同的扫描速度下，在设定的电势窗范围内电极电势随时间进行的一圈或多圈扫描过程中记录的电流和电势关系的曲线。根据 CV 响应曲线能够观察到在设定电势窗范围内电极表面发生的氧化还原反应及其峰电流峰电位的信息，通过这些能够判断电极上可能发生的反应或者电极反应的可逆程度，还可以推算电极的活性面积，判断电极反应的控制步骤。本研究中，CV 法用来记录修饰电极在缓冲溶液中的 CV 曲线，用来比较电极的电化学活性面积。

2.4.2　线性扫描伏安法

电化学测试中另一种常用的测试方法就是线性扫描伏安法（Linear sweep voltammetry，LSV）。LSV 法具体是指在电极上施加一个线性变化的电压，即通过电极电位随外加电压线性变化来记录工作电极上电解电流的方法，记录的曲线就是 LSV 曲线。LSV 法比 CV 法在扫描过程中少了一个回归，但是两者原理相同。本研究中，LSV 法用来记录 MFCs 达到稳定的电压峰值后从开路电压到零电势区间内的电流变化曲线，用来计算 MFCs 的输出功率密度。

2.4.3 交流阻抗法

电化学阻抗谱（Electrochemical impedance spectroscopy，EIS）也是电化学测试中常用到的方法。EIS 法是一种利用小幅度交流信号对电极扰动来进行电化学测试的方法。EIS 法能够测量电极过程的传质参数及动力学参数，且能够通过理论模型或等效电路的应用来表示体系的法拉第过程或电子和离子的传输过程。本研究中 EIS 方法用来评估 MFCs 不同阳极与阳极溶液之间的界面传质速率以及不同阳极与活性大肠杆菌之间的胞外电子转移速率。

第3章　PDDA 功能化 rGO 纳米复合物应用于 MFCs 阳极的性能研究

3.1 引　　言

微生物燃料电池（microbial fuel cells，MFCs）是一种能够以可持续的方式将无穷无尽的有机或者无机生物质转化为清洁电能的可再生的电化学能源设备[231-233]。MFCs 作为一种非常有前途的电化学绿色能源技术，能够以电化学活性微生物作为生物催化剂[234-236]。近些年来 MFCs 在生物电的产生，功率输出和潜在的应用方面已经吸引了全世界科研工作者的浓厚兴趣[237]。可是，MFCs 相对低的功率效率仍然是限制它们实际应用的主要障碍[42]。MFCs 的性能受电化学活性微生物的种类、电池构型、阳极材料属性、阴极材料属性、基底、质子交换膜的存在与否等因素的影响[34-36]。阳极材料作为活性微生物的附着场所，在 MFCs 的功率产生中扮演着重要的角色。阳极材料的性质，如：多维的结构、表面积、生物相容性、导电性和化学稳定性很大程度上影响稳定生物膜的生成和从活性细菌到阳极的电荷传输动力学机制，然后进一步影响 MFCs 的运营时间和功率的输出[17, 59]。理想的阳极材料应该是制备方法简单易行，能稳定存在且具有较低的成本，同时应该具有大的电化学活性面积、好的生物相容性，这有利于活性微生物的附着和稳定生物膜的快速形成；同时理想的阳极材料也应该具有优异的电子导电性，这有利于在催化剂界面活动中进行快速的电子转移[238-240]。因此，合适的阳极材料的制备是增强 MFCs 性能的关键。

通常，碳材料和碳基的复合材料由于具有良好的生物相容性和电子导电性，通常被用作 MFCs 的阳极材料，它们优异的化学稳定性和良好的机械性能有利于 MFCs 的长期运行[41, 73]。石墨烯作为一种近年来被广泛研究的二维材料[241]，由于其各种优异的性能以及在锌—空气电池、锂离子电池、太阳能电池、电化学超级电容器和电化学传感器等领域潜在的应用，已经受到科学界极大的关注 [242-251]。目前，石墨烯和石墨烯基复合材料由于它们优异的电子导电性和良好的生物相容性已经被广泛应用在 MFCs 中 [92]。例如：通过溶剂热法制备的石墨烯/四氧化三铁纳米复合材料被应用作为 MFCs 的阳极修饰材料，取得 891 mW m^{-2} 的输出功率密度 [104]；通过水热法结合冷冻干燥技术合成的石墨烯/多壁碳纳米管/四氧化三铁泡沫其作为阳极修饰材料 MFCs 获得的功率密度是 882 W m$^{-3[105]}$；二硫化亚铁纳米颗粒修饰的石墨烯复合物通过溶剂热方法结合冷冻干燥技术制备而成，其作为阳极修饰材料电池功率密度达到 3220 mW m$^{-2[73]}$。除此之外，聚电解质的有效功能化已被引入到石墨烯复合材料中。聚二烯丙基二甲基氯化铵，这里简称 PDDA，作为一种环境友好的水溶性的季铵盐和阳离子聚电解质，已被广泛地应用于碳材料的功能化中。PDDA 功能化的石墨烯复合材料拥有较好的化学稳定性，优秀的电子传输能力和突出的导电能力 [252-255]，这些都是 MFCs 阳极材料所期望的优异性能。目前对于 PDDA 功能化的石墨烯用于 MFCs 阳极修饰材料方面的相关报道还很稀少。

在这部分研究工作中，我们制备了 PDDA 功能化的还原氧化石墨烯（rGO）并用于 MFCs 的阳极修饰材料，这里将复合材料简称为 PDDA-rGO。PDDA-rGO 纳米复合材料通过简单的超声共混法在室温下制备得到，聚电解质 PDDA 通过 π–π 相互作用被非共价吸附到 rGO 薄层纳米片上，而不是破坏 rGO 框架上的碳位点，这就通过定向的分子间电荷转移引起了显著的界面电荷再分布，创造了大量的催化活性碳位点，将不活泼的 rGO 转化为 MFCs 有效的阳极电催化剂。PDDA-rGO 复合材料修饰的阳极显示了大的电化学活性面积和好的生物相容性。MFCs 的输出功率密度显著提高。

3.2 实验部分

3.2.1 PDDA-rGO 纳米复合材料的制备

我们采用简单的超声共混法在室温下制备 PDDA-rGO 纳米复合材

料。材料制备具体步骤是：首先，200 mg 的聚电解质 PDDA 被溶解在 100 mL 超纯水中，通过磁力搅拌器搅拌 10 分钟。然后，在超声状态下，将 200 mg 的 rGO 和 400 mg 的 NaCl 固体粉末分散到 PDDA 水溶液中，超声 30 分钟。之后，混合溶液用超纯水离心、洗涤数次，置于真空干燥箱中在 60 ℃ 的温度下干燥 12 小时。在材料制备过程中 NaCl 的加入可以通过影响聚电解质链的构型来有效促进功能化，从而导致在 rGO 纳米片的表面上高度覆盖的 PDDA 链的形成[254]。

3.2.2　碳纸、质子交换膜的预前处理

碳纸（Carbon paper，CP）的预前处理过程如下：将碳纸（030N）切割成 1.5 cm×1.2 cm 和 2.0 cm×2.0 cm 的小块状，之后将切割好的小块 CP 依次在 1.0 M 的 HCl、超纯水、1.0 M 的 KOH 溶液、超纯水中分别浸泡 60 分钟。用超纯水洗涤之后，放入真空干燥箱中在 60 ℃ 的温度下干燥 8 小时，取出，备用。

质子交换膜的预前处理过程如下：将质子交换膜（Nafion 212 膜）两侧的保护膜取下后中间的薄膜就是质子交换膜。将质子交换膜依次在 80 ℃ 下 3.0% 的过氧化氢溶液、超纯水、0.5 M 的硫酸、超纯水中煮 60 分钟，之后保存在超纯水中，备用。

3.2.3　电极的制备

基底电极的制备过程如下：将已经经过预前处理的小块 CP 用细铜丝连接起来，接口处通过聚四氟乙烯（PTFE）遮盖，这是为了防止漏铜部分对活性微生物造成影响。制备的 1.5 cm×1.2 cm 的 CP 电极作为阳极基底电极，2.0 cm×2.0 cm 的 CP 电极作为阴极电极。制备好的基底电极如图 3-1 所示。

PDDA-rGO 复合材料修饰的 CP 电极的制备过程如下：将 5 mg 的 PDDA-rGO 纳米复合材料粉末与 1 mL 质量分数为 0.1 wt% 的 Nafion-乙醇溶液混合并超声 30 分钟后形成均匀的悬浊液，然后用移液枪将悬浊液逐滴滴加到 1.5 cm×1.2 cm 的 CP 基底电极表面并在红外灯下晾干，用作 MFCs 的阳极。

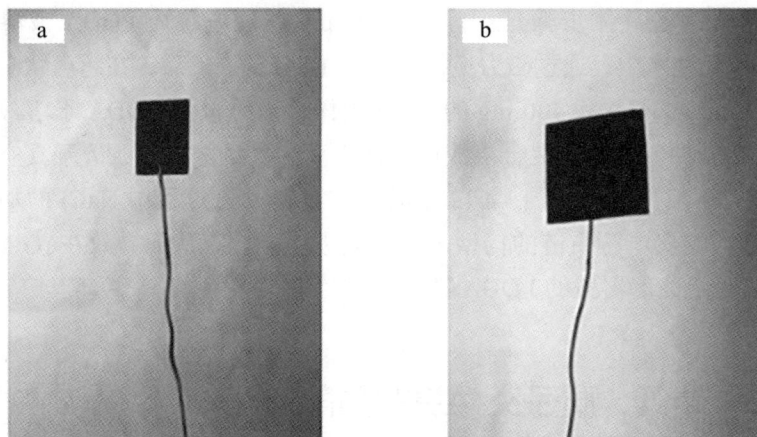

（a）阳极基底； （b）阴极基底

图 3-1　制备的阳极和阴极基底电极图片

rGO 修饰的 CP 电极制备方法同上。rGO 修饰的 CP 电极和裸 CP 电极都用作 MFCs 的阳极并作为对照。

2.0 cm×2.0 cm 的 CP 电极直接用作 MFCs 的阴极。

3.2.4　大肠杆菌的接种与培育

称量 1.65 g 营养琼脂置于 50 mL 超纯水中，90 ℃下溶解，然后按每个试管装入 4 mL 左右的量趁热分别装在几根试管中，之后用干净的白纸将管口用皮筋绑好，如图 3-2（a）所示。放入手提式高压蒸汽不锈钢锅灭菌 15 分钟后取出，将灭菌后的装有营养琼脂的试管倾斜成斜面，冷却之后就得到斜面琼脂固体培养基，如图 3-2（b）所示。在超净台上酒精灯下用接种环取少量大肠杆菌（Escherichia coli，E.coli）菌种在斜面固体培养基上画 S 形曲线，然后用带有气孔的橡皮塞塞紧，置于 37 ℃的隔水式恒温培养箱中培养 24 小时，取出，如图 3-2（c）所示。

然后称取 0.9 g 营养肉汤，加入 50 mL 超纯水，90 ℃下加热溶解，以 20 mL 的装入量分装入锥形瓶，放入高压蒸汽不锈钢锅高压灭菌 15 分钟后取出，如图 3-3（a）所示。在超净台上用接种环将斜面琼脂培养基上的 E.coli 接种到冷却后锥形瓶的营养肉汤中，随后将其置于隔水式恒温培养箱 37 ℃温度下培养 20 小时，得到大肠杆菌液体培养基，如图 3-3

（b）所示。固体培养基置于冰箱 4 ℃ 冷藏保存，液体培养基用于接种 MFCs 阳极生物催化剂。

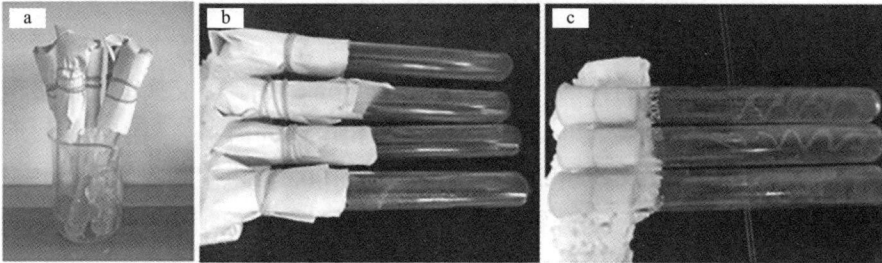

（a）高压灭菌前装入试管的营养琼脂；（b）高压灭菌后的营养琼脂斜面培养基；
（c）接种大肠杆菌后的固体培养基

图 3-2　1.65 g 营养琼脂

（a）高压灭菌后的营养肉汤；（b）接种大肠杆菌后恒温培养 20 h 后的液体培养基

图 3-3　0.9 g 营养肉汤

3.2.5　MFCs 的组装和性能测试方法

基础缓冲溶液的配制：加入 11.05 g L^{-1} 的 NaH$_2$PO$_4$·2H$_2$O 和 10.0 g L^{-1} 的 NaHCO$_3$，配制成 PBS 缓冲溶液作为 MFCs 阳极液和阴极液的基底缓冲液。

阳极液体是由 50 mL 的 PBS 溶液，含有 10.0 g L^{-1} 的葡萄糖，5.0 g L^{-1} 的酵母浸膏和 5 mM 的 2- 羟基 -1，4- 萘醌（HNQ），以及 20 mL 大肠

杆菌液体培养液组成。

70 mM 的 K₃[Fe（CN）₆] 和 0.1 M 的 KCl 溶液作为 MFCs 的阴极溶液。

实验中选用的双室型 MFCs 如图 3-4 所示。电池基本构架是由聚甲基丙烯酸甲酯材料制成，阴阳极室各自容积都是 100 mL。MFCs 的两个反应器通过长螺丝扭合在一起，中间是 Nafion 212 质子交换膜，阳极液体和阴极液体分别装入 70 mL。为了最小化电池的内阻，阴阳极两级间的距离尽量保持在最小。电池的外电路接入 1000 Ω 电阻构成闭合回路。阳极室通入高纯氮气 50 分钟目的是去除阳极溶液中的溶解氧并驯化大肠杆菌。MFCs 被置于 37 ℃ 水浴锅中接入电压测试卡以获得 MFCs 的输出电压值。当 MFCs 输出电压达到稳定的峰值时，接入电阻箱，当电阻从 99999.9 Ω 到 99.9 Ω 变化时，在每个阻值下记录 MFCs 的输出电压值。MFCs 的电流通过欧姆定律 $V = IR$ 计算，输出功率由 $P = V^2/R$ 计算，MFCs 的功率密度和电流密度通过归一化阳极的几何面积得到，功率密度是三次测量的平均值。MFCs 的性能通过功率密度曲线、极化曲线和恒电阻放电曲线来评估。

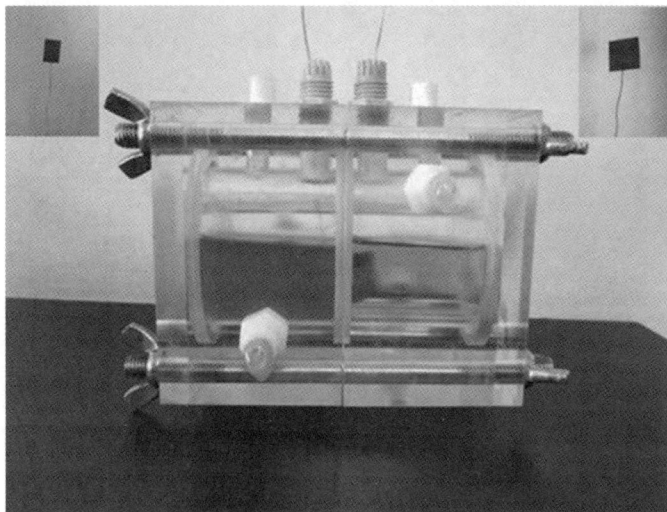

图 3-4　实验中双室型 MFCs 的构型

3.2.6　电化学测试

所有电化学性能测试都在 CHI660 型电化学工作站上进行。PDDA-rGO，rGO 修饰的 CP 电极和裸的 CP 电极用作工作电极，Ag/AgCl 电极作为参比电极，Pt 片电极作为对电极。所有的电化学 CV 曲线都是在 -1.2 V 到 0.6 V 的电势窗范围下获得。当 MFCs 的输出电压到达稳定的峰值后，电化学 EIS 测试在开路电压下执行，MFCs 的阳极作为工作电极，Ag/AgCl 电极作为参比电极，Pt 电极作为对电极。频率范围为：100000 ~ 0.01 Hz，振幅为 5 mV。

3.3　实验结果和讨论

3.3.1　材料的表征

rGO 的 XRD 图如图 3-5 所示，从 rGO 的 XRD 图中能够看到 $2\theta =$ 23° 左右出现的一个驼峰状衍射峰，这是石墨烯的（002）晶面的典型衍射峰。

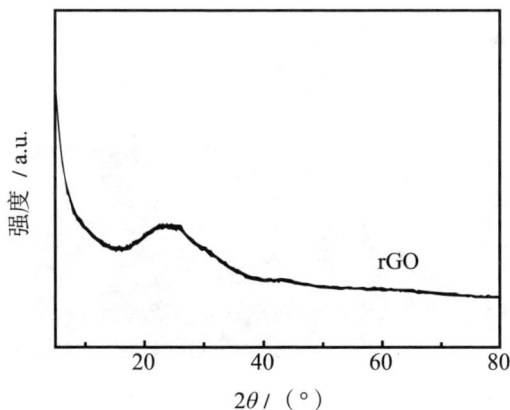

图 3-5　用在实验中的 rGO 粉末的 XRD 图

图 3-6（a）和 3-6（b）是 rGO 和 PDDA-rGO 复合材料的 SEM 图，SEM 图中 rGO 和 PDDA-rGO 都显示薄片状的形貌[241, 252, 256]，PDDA-rGO 材料上 rGO 片层上的褶皱清晰可见。图 3-6（c）和 3-6（d）是 rGO

和 PDDA-rGO 复合材料的 TEM 图，从 TEM 图中能够看出 rGO 显示透明的薄纱状。图 3-6（e）是 PDDA-rGO 的 SEM-EDS Mappings 图，PDDA-rGO 复合材料中 C 和 N 元素均匀分布，这进一步证明了 PDDA 功能化的 rGO 复合材料的成功制备。可能是 rGO 的表面被 PDDA 分子所包覆，这是由于 rGO 片层和 PDDA 聚电解质链之间的 π – π 相互作用导致[257]。PDDA-rGO 复合材料形成的示意图如图 3-7 所示。

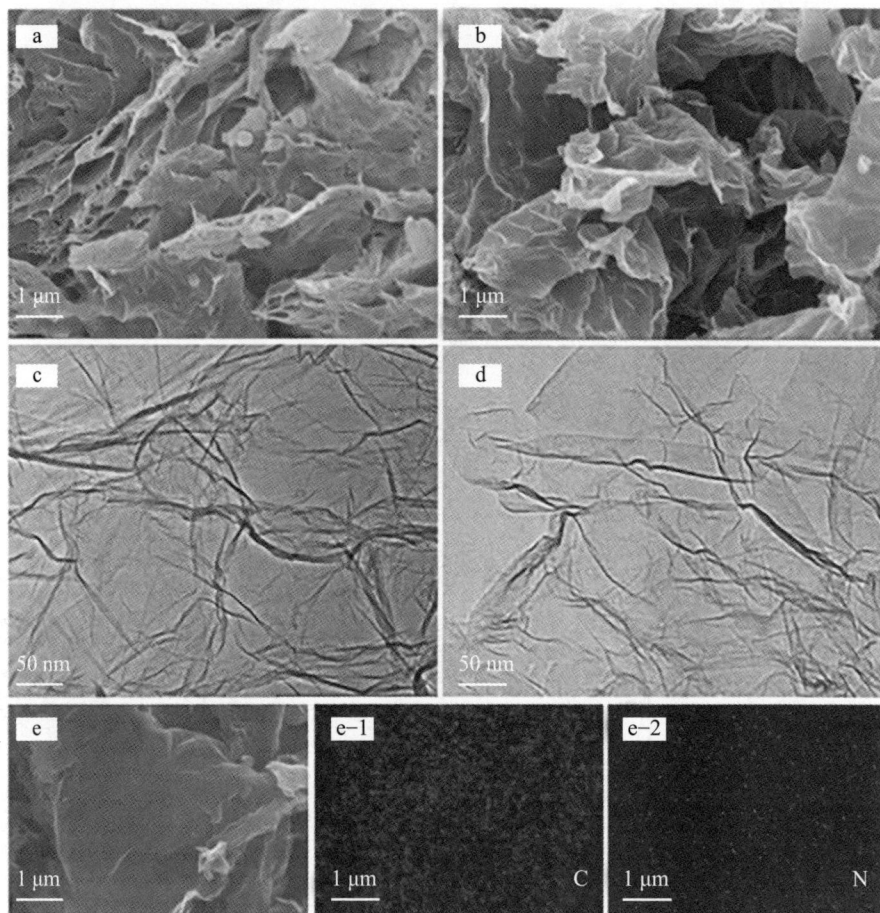

（a）（b）rGO 和 PDDA-rGO 的 SEM 图；（c）（d）rGO 和 PDDA-rGO 的 TEM 图；（e）PDDA-rGO 的 SEM-EDS mappings 图

图 3-6　rGO 和 PDDA-rGO 纳米材料的形貌和结构表征

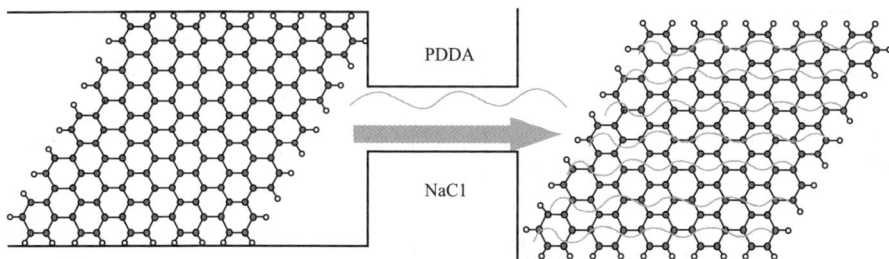

图 3-7　PDDA-rGO 形成过程的示意图

rGO 和 PDDA-rGO 材料表面的化学组成通过 XPS 技术测试表征。图 3-8（a）显示了 rGO 和 PDDA-rGO 的 XPS 全谱图，PDDA-rGO 的 XPS 全谱图上显示了 N 元素和 Cl 元素的存在，而 rGO 的 XPS 全谱图上没有 N 元素和 Cl 元素的存在，且 PDDA 的功能化导致了 O/C 原子比的显著降低。图 3-8（b）显示了 Cl 的 $2p_{3/2}$ 和 $2p_{1/2}$ 轨道的电子结合能和纯的 PDDA 一致。图 3-8（c）显示了 rGO 的 C 1s 轨道的分峰图，rGO 的 C 1s 轨道能被分成四部分：①在 284.6 eV 的非氧化性的 C；②在 285.8 eV 的 C-O 键；③在 286.8 eV 处的环氧碳和；④在 288.6 eV 处的羰基碳 C=O。与 rGO 相比，图 3-8（d）显示的 PDDA-rGO 样品中 C 1s XPS 分峰图呈现了不同强度的相同官能团的存在。PDDA-rGO 和 rGO 两种样品在 284.6 eV 和 285.8 eV 处官能团的峰面积见表 3-1。很明显，由于 PDDA 的功能化或者吸附，在 284.6 eV 处 PDDA-rGO 纳米复合材料比 rGO 非氧化性 C 的峰面积显著增加，在 285.8 eV 处呈现官能团峰面积的轻微增加，这归功于吸附的 PDDA 在 rGO 纳米片上的 C-N 键的存在[255]。另外，PDDA-rGO 复合材料在 286.8 eV 和 288.6 eV 处的含氧官能团是归因于 rGO 中环氧碳和羰基碳的存在。图 3-8（e）显示了 PDDA-rGO 和纯的 PDDA 的 N 1s 谱图，纯的 PDDA 在 401.94 eV 处的峰是归因于氮正离子 N^+ 的存在。而 PDDA-rGO 样品中 N 1s 谱图的电子结合能负移到了 401.48 eV，显示了 0.46 eV 的减小。电子结合能的负移标志着从 rGO 到 N^+ 之间的电荷转移，很可能是由于 PDDA 框架上 N^+ 强的拉电子能力，这暗示着 PDDA 作为一种非共价的 p 型掺杂，而不是破坏 rGO 框架上的碳结构格子，能够引起在富电子的 rGO 基底局部的电荷转移[255, 257-258]。图 3-8（f）显示了 rGO 和 PDDA-rGO 样品的拉曼光谱。rGO 的 D 峰和 G 峰分别出现在 1346 cm^{-1} 和 1585 cm^{-1} 处，而 PDDA-rGO 样品的 G 峰显示了从 1585 cm^{-1} 到 1590 cm^{-1} 处 5 cm^{-1} 的正移，这又一次证明了 rGO 和 PDDA 之间的电子转移[255]。

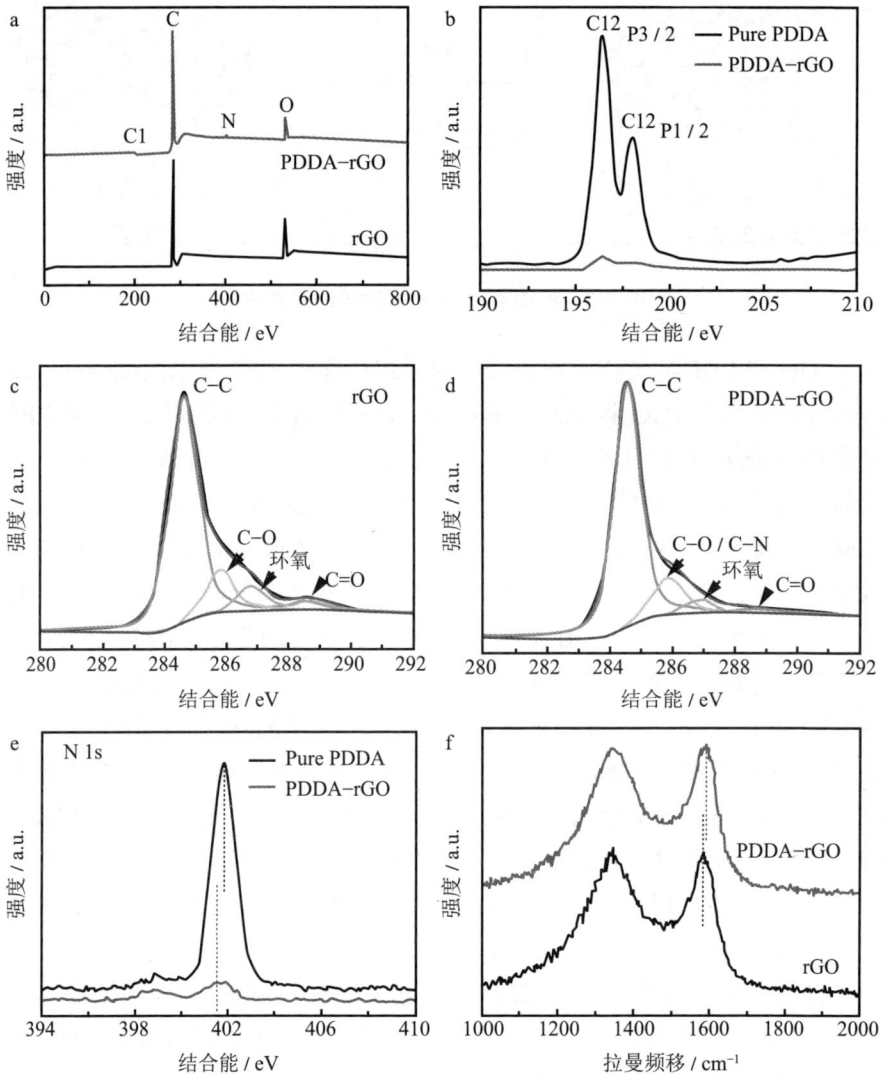

（a）rGO 和 PDDA-rGO 的 XPS 谱图；（b）纯的 PDDA 和 PDDA-rGO 的 Cl 2p 谱图；
（c）（d）rGO 和 PDDA-rGO 的 C 1s 谱图的分峰图；（e）纯的 PDDA 和
PDDA-rGO 的 N1s 谱图；（f）rGO 和 PDDA-rGO 的拉曼光谱图

图 3-8　rGO 和 PDDA-rGO 材料的组成表征

在氮气气氛下升温速率是 10（C min^{-1} 时纯的 PDDA、PDDA-rGO 和 rGO 的 TGA 曲线如图 3-9 所示。在 TGA 测试前所有样品在 60 ℃ 温度下真空干燥 12 h。很明显，纯的 PDDA 显示了两步热降解过程和相对低的热稳定性，在 500 ℃ 左右时质量损失了大约 95.841 wt.%。而 rGO 有很好的热稳定性，在 500 ℃ 左右时质量损失了大约 1.33 wt.%。PDDA-rGO 样品也显示了两步热降解过程，在 500 ℃ 左右时质量损失了大约 13.125 wt.%。PDDA-rGO 样品热稳定性的显著提升也标志着 PDDA 对于 rGO 纳米片的成功功能化。

表 3-1　PDDA-rGO 和 rGO 样品中 C 1s XPS 分峰图中
在 284.6 eV 和 285.8 eV 处峰面积的对比

材料	峰值面积（284.6 eV）	峰面积（285.8 eV）
PDDA-rGO	215628.7	35518.5
rGO	181002.2	34825.8

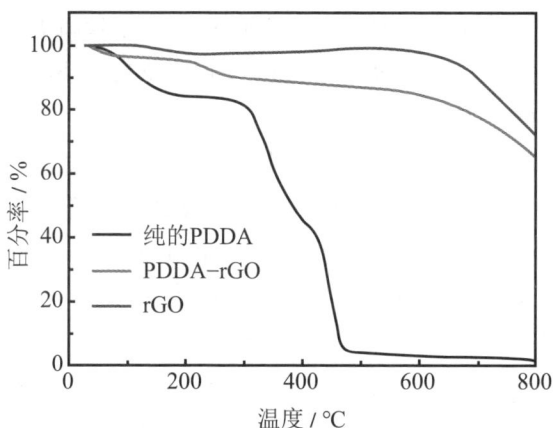

图 3-9　PDDA、PDDA-rGO and rGO 样品在 N$_2$ 气氛下的 TGA 曲线，
升温速率：10 ℃ min^{-1}

3.3.2　电极的电化学表征

　　阳极材料大的电活性面积有利于活性微生物的大量附着和稳定生物膜的快速形成。电化学活性面积通过计算电化学双层电容来确定[259]。阳极材料大的内部电容能够导致瞬时电荷储存性能的增强，进而 MFCs 的性能被提升[96]。相同几何面积的 PDDA-rGO、rGO 和 CP 电极的电化学电容行为通过 CV 曲线来评估。图 3-10（a）～图 3-10（c）显示的是分别在 10、20、30、40、50、60、70、80、90 和 100 mV s^{-1} 扫速下 PDDA-rGO、rGO 和 CP 电极在 PBS 溶液中的 CV 响应（−1.2 ～ 0.6 V vs. Ag/AgCl）。很明显，与 rGO 和 CP 电极相比，PDDA-rGO 电极的电化学电容显著增加。三个电极的双电层电容 C_{dl}（单位为 mF）能够通过以下公式估算[258]：

$$C_{dl} = I/v \tag{3-1}$$

$$I = (|j_a| \ (|j_c|)/2 \tag{3-2}$$

在式（3-1）中，I（mA）是 CV 曲线的平均电容电流，I（mA）可通过式（3-2）计算。v（mV s^{-1}）是相对应的扫速。在式（3-2）中，j_a 和 j_c 分别是 CV 曲线上平均氧化电流和还原电流。图 3-10（d）是平均电容电流 I 和相对应扫速 v 比值的 C_{dl} 图。PDDA-rGO、rGO 和 CP 电极的双电层电容 C_{dl} 分别是 37.124、17.713 和 1.684 mF，PDDA-rGO 电极的 C_{dl} 分别是 rGO 和 CP 电极的 2.10 和 22.05 倍。更高的 C_{dl} 暗示着更大的电活性面积，这在提升 MFCs 的性能方面是非常重要的[260]。图 3-10（e）显示了 PDDA-rGO、rGO 和 CP 阳极在接种大肠杆菌后在扫速为 100 mV s^{-1} 下的 CV 响应曲线，三个电极上都出现了一对氧化还原峰，这标志着 HNQ 从醌到对苯二酚典型的准可逆电子转移过程[42]。PDDA-rGO 阳极上的氧化还原峰电流比 rGO 和 CP 阳极更大，暗示着从活性微生物到 PDDA-rGO 阳极增强的电子转移效率。PDDA 作为非共价的 p 型掺杂，通过在 rGO 和 N$^+$ 之间的定向界面电子转移能够克服 rGO 上较少的活性碳位点的缺陷和导致大量正电荷催化碳位点的形成[258]。同时，从大肠杆菌细胞中获得电子的 HNQ 还原态在 N$^+$ 强的拉电子能力下能够更快地将电子传输给阳极，导致催化位点和反应机制的协同促进，这也提升了从活性细菌到阳极的胞外电子转移速率。在 PDDA-rGO 阳极上氧化还原峰电位的差值是 0.69 V，比 rGO 和 CP 阳极（0.75 V 和 0.91 V）更小，标志着 PDDA-rGO 阳极有更大的电活性面积[42]，这和图 3-10（a）~ 图 3-10（d）中取得的结果是一致的。

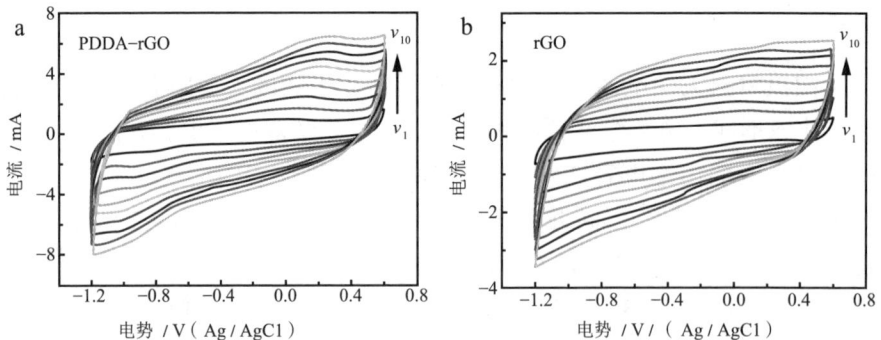

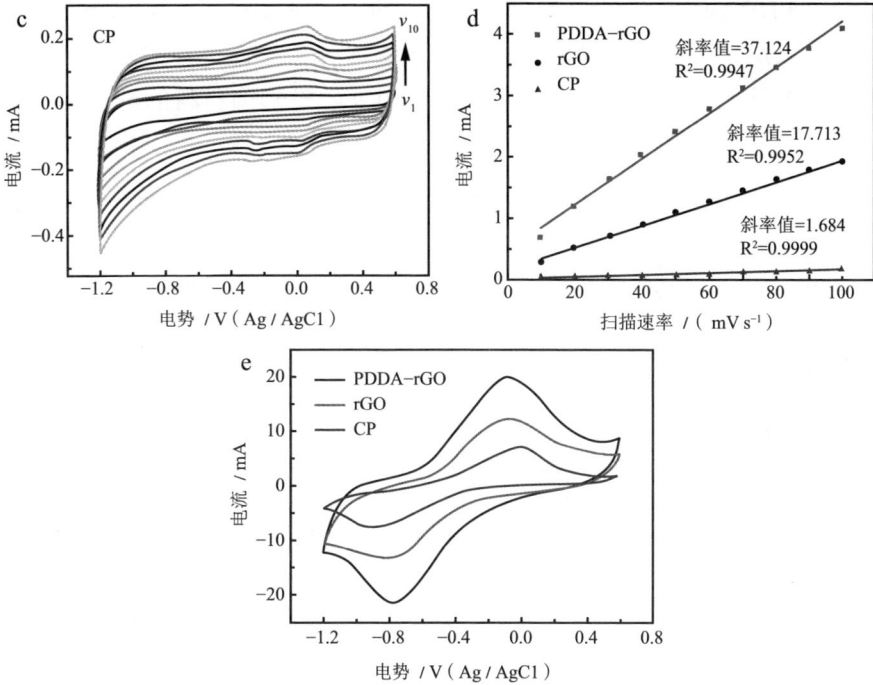

（a）PDDA-rGO，（b）rGO 和（c）CP 电极在不同扫速下的 CV 曲线，

$v_1 \sim v_{10}$ 分别是 $10 \sim 100 \ mV \ s^{-1}$；（d）平均电容电流对对应扫速的 C_{dl} 估算；

（e）$100 \ mV \ s^{-1}$ 扫速下加入大肠杆菌电解液中电极的 CV 响应图

图 3-10　电极的电化学表征

3.3.3　MFCs 的性能测试

当电池电压达到稳定的峰值时接入电阻箱，外电阻从 99999.9 Ω 到 99.9 Ω 变化时记录对应的电压值，然后通过归一化阳极几何面积计算对应的电流密度和功率密度。图 3-11（a）和图 3-11（b）是 MFCs 的功率密度曲线和极化曲线。从图 3-11（a）中得到 PDDA-rGO、rGO 和 CP 阳极 MFCs 产生的最大功率密度分别为 5029.3、2006.4 和 921.3 mW m^{-2}。PDDA-rGO 阳极 MFCs 的最大功率密度分别是 rGO 和 CP 阳极 MFCs 的 2.51 倍和 5.46 倍，对应的电流密度分别是 11822.6、4722.1 和 2384.8 mA m^{-2}。从图 3-11（b）中看到 PDDA-rGO 阳极 MFCs 显示最高开路电压是 675.7 mV。大肠杆菌基 MFCs 功率密度的对比见表 3-2，可见基于 PDDA-rGO 阳极的 MFCs 有更大的功率密度输出。这部分工作在室温下采用超声共混法合成聚电解质石墨烯纳米复合材料的方法简单易行、成本低廉、易于控制，对高性能 MFCs 阳极修饰材料的进一步发展具有非常重要的借鉴意义。

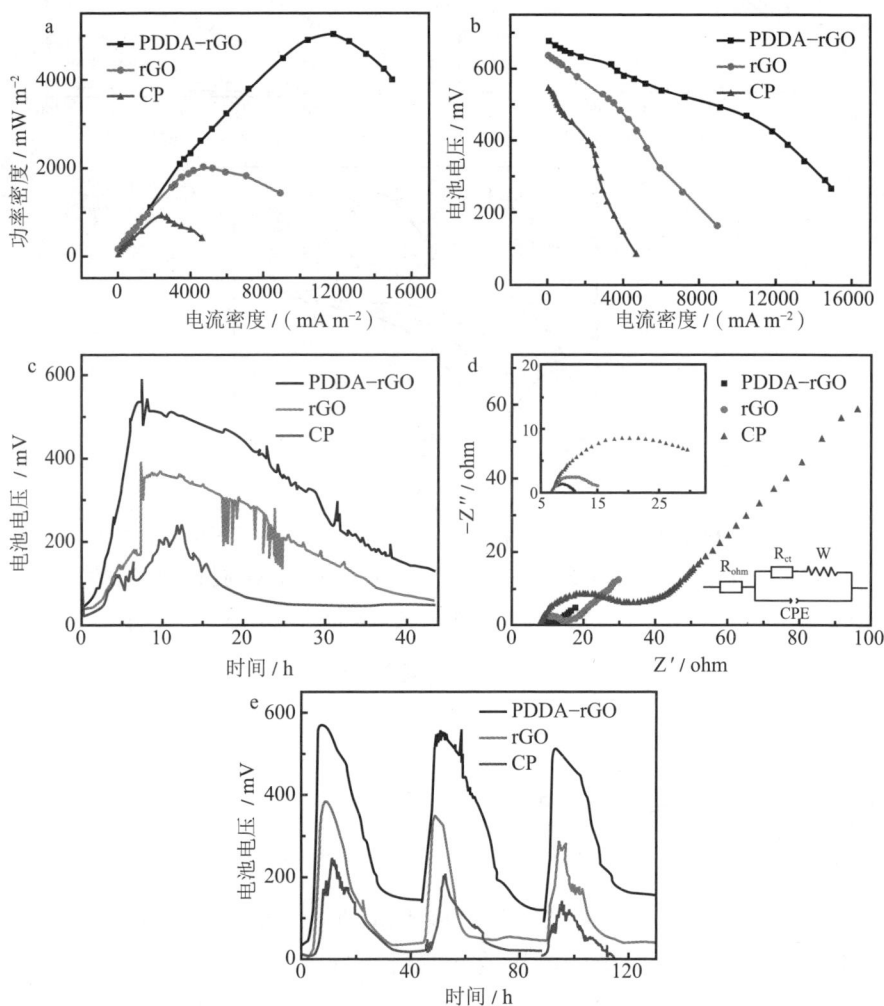

（a）PDDA-rGO，rGO 和 CP 阳极 MFCs 的功率密度曲线；

（b）三个 MFCs 的极化曲线；（c）三个 MFCs 的恒电阻放电曲线；

（d）当电压达到最大值时在开路电压下测得的不同阳极的 EIS 谱图；

（e）三个 MFCs 的三个连续的电压放电循环

图 3-11　MFCs 的曲线图

表 3-2　大肠杆菌基的 MFCs 性能的对比

阳极材料	细菌	功率密度 / （mW m^{-2}）	进料	配置	文件编号
石墨单原子层	大肠杆菌	2668	葡萄糖	两个	[42]
多孔石墨	大肠杆菌	2600	葡萄糖	单一	[259]
石墨烯层	大肠杆菌	670	醋酸盐	单一	[96]
GO-SnO$_2$	大肠杆菌	1624	葡萄糖	两个	[46]
纳米碳化钼 /CNT	大肠杆菌	1260	葡萄糖	两个	[261]
Fe$_3$O$_4$/CNT	大肠杆菌	830	葡萄糖	两个	[93]
聚吡咯 / 聚（乙烯醇共聚聚乙烯）	大肠杆菌	2420	葡萄糖	两个	[262]
多孔碳材	大肠杆菌	1606	葡萄糖	两个	[263]
碳纳米管	大肠杆菌	3800	葡萄糖	单一	[264]
PDDA-rGO	大肠杆菌	5029.3	葡萄糖	两个	本课题组

MFCs 在相同条件下运行 43.4 小时的恒电阻放电曲线显示在图 3-11（c）中。其中，PDDA-rGO 阳极 MFCs 在最短时间内上升到最大电压。达到最大电压前的那部分反映的是形成稳定生物膜的时间，PDDA-rGO、rGO 和 CP 阳极 MFCs 达到的最大电压和形成稳定生物膜的时间见表 3-3。在这里，PDDA 对 rGO 非共价的 p 型掺杂能够有效产生丰富的正电荷催化位点并有效促进胞外电子转移速率，也能够使活性微生物产生的电子通过正电荷静电吸引作用富集在阳极表面导致稳定生物膜的快速形成。持续放电 43.4 小时后 PDDA-rGO 阳极 MFCs 的输出电压仍然保持在 130.5 mV，远大于 rGO 和 CP 阳极 MFCs（58.9 mV 和 47.7 mV）。很明显，这说明在同样量的燃料条件下 PDDA-rGO 阳极 MFCs 能够产生更多的电能。

表 3-3　不同阳极 MFCs 达到的最大电压和形成稳定生物膜时间的对比

阳极	最大电压 / mV	时间 / h
PDDA-rGO	543	7
rGO	361	7.5
CP	232	11.7

通过电化学阻抗谱（EIS）调查 MFCs 阳极的电荷转移机制。图 3-11（d）显示的是当 MFCs 电压达到最大值时在开路电压下测得的不同阳极的 EIS 谱图和等效电路图，阳极的 EIS 谱图包含高频区的半圆和低频区的直线。高频区的半圆反映的是活性微生物和阳极材料之间的电荷转移阻抗，低频区的直线反映的是 Warburg 阻抗[41]。EIS 谱图的 R_{ohm} 和 R_{ct} 分别代表了欧姆阻抗和电荷转移阻抗，不同阳极的 R_{ct} 和 R_{ohm} 值见表 3-4。PDDA-rGO 阳极有最小的 R_{ct}，证明了活性细菌和 PDDA-rGO 阳极之间优异的电荷转移机制。R_{ohm} 主要反映了阳极的电子导电性[259]。PDDA-rGO 阳极有最小的 R_{ohm}，标志着 PDDA-rGO 阳极具有更好的电子导电性。PDDA-rGO 阳极 MFCs 的内阻最小[41]，这与图 3-10（e）中 CV 曲线得到的结果完全一致。

表 3-4　不同阳极 MFCs 的 R_{ct} 和 R_{ohm} 值的对比

阳极	R_{ct} / Ω	R_{ohm} / Ω
PDDA-rGO	3.56	6.03
rGO	6.98	14.34
CP	25.5	62.70

另外，图 3-9（e）显示了 PDDA-rGO、rGO 和 CP 阳极 MFCs 三个连续的放电循环。PDDA-rGO 阳极 MFCs 在第三个放电循环的电压峰值仍然维持在第一个循环的 89.9%，同比，rGO 和 CP 阳极 MFCs 只有 71.2% 和 55.3%。MFCs 连续的放电循环能够显示电池长期的稳定性和耐久性，PDDA-rGO 阳极 MFCs 的长期稳定性也暗示了这种纳米复合材料在 MFCs 中的潜在应用。

作为对比，我们通过同样的制备方法准备了 PDDA 功能化的 Vulcan 炭黑 XC-72 复合材料（PDDA-VCB）。图 3-12（a）和图 3-12（b）显示了没有功能化的 Vulcan 炭黑 XC-72（VCB）和 PDDA-VCB 用作阳极修饰材料 MFCs 的功率密度曲线和极化曲线。能够看到，PDDA-VCB 和

VCB 阳极 MFCs 的最大功率密度分别是 1528.3 mW m^{-2} 和 1202.8 mW m^{-2}，开路电压分别是 621.6 mV 和 610.6 mV。

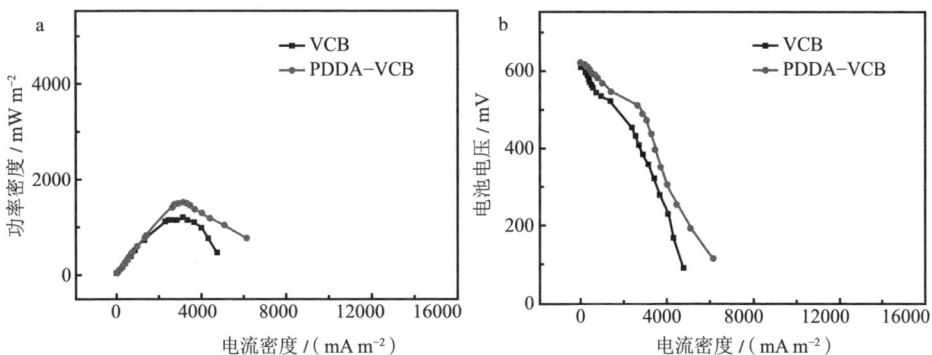

（a）功率密度曲线；（b）极化曲线

图 3-12　VCB 和 PDDA-VCB 阳极 MFCs 的功率密度曲线和极化曲线

两个 MFCs 的恒电阻放电曲线如图 3-13 所示，PDDA-VCB 阳极的 MFCs 在 7.4 小时就达到了最高电压 307.5 mV，而 VCB 阳极的 MFCs 在 8.1 小时才达到最大电压 276.7 mV。这些都反映了 PDDA-VCB 材料具有更好的生物相容性，而 PDDA-VCB 阳极 MFCs 具有更好的产电性能。可是，PDDA-VCB 阳极 MFCs 的最大功率密度（1528.3 mW m^{-2}）比 PDDA-rGO 阳极 MFCs（5029.3 mW m^{-2}）更小，rGO 阳极 MFCs 的最大功率密度（2006.4 mW m^{-2}）比 VCB 阳极 MFCs（1202.8 mW m^{-2}）更大。很明显，PDDA 对 rGO 功能化得到的 PDDA-rGO 纳米复合材料是更适合作为 MFCs 的阳极修饰材料。

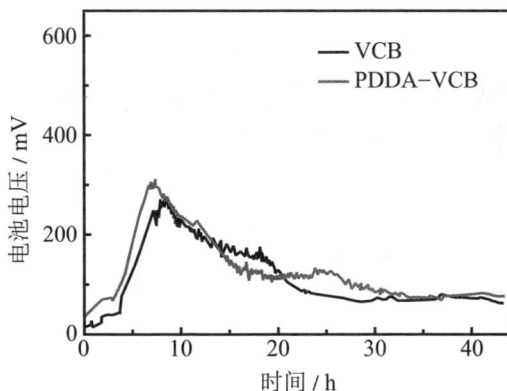

图 3-13　VCB 和 PDDA-VCB 阳极 MFCs 的恒电阻放电曲线

3.3.4 不同阳极生物膜的表征

放电后 PDDA-rGO、rGO 和 CP 阳极表面大肠杆菌的 SEM 图如图 3-14 所示。所有阳极上的大肠杆菌都显示棒状的形貌[264]。PDDA-rGO 阳极表面覆盖着密密麻麻的大肠杆菌细胞形成了较厚的生物膜，同时我们也观察到在材料的褶皱处富集着更多的大肠杆菌细胞。而 rGO 阳极表面附着了较少量的大肠杆菌。CP 阳极的表面有很少的细菌细胞且大部分附着在低洼处。这主要是由于 PDDA-rGO 阳极具有突出的生物相容性和较大的活性面积，而 CP 电极相对光滑的表面和小的活性面积导致了很少量大肠杆菌的附着。阳极上活性细菌的附着量对于 MFCs 性能的提高也是非常重要的。另外，阳极上活性微生物的数量及其活性能够导致其对阳极室中燃料较高的生物催化速率，同时还能减小 MFCs 的内阻[265]，这与图 3-11（d）中的 EIS 谱图的结论是一致的。

（a）PDDA-rGO；（b）rGO；（c）CP 阳极

图 3-14　PDDA-rGO、rGO 和 CP 阳极上大肠杆菌细胞的 SEM 图

所以，PDDA-rGO 阳极 MFCs 性能的显著提高主要是由于活性细菌和阳极材料之间增强的胞外电子转移速率、更大的电化学活性面积、更优异的电子导电性和 MFCs 更低的内阻。

3.4　结　　论

本章中，我们通过简单的超声共混法在室温下一步合成了 PDDA-rGO 纳米复合材料，通过 SEM、TEM、XPS、Laman 和 TGA 技术对其进行了表征，并将此复合材料修饰的碳纸电极用作大肠杆菌型 MFCs 的阳极。PDDA 作为非共价 p 型掺杂，能导致催化碳位点和反应机制的协同提升，也能促进从活性细菌到阳极的胞外电子转移速率。PDDA-rGO阳极有大的电活性面积和好的生物相容性，能使活性细菌快速形成稳定的生物膜。同时，阳极上大量的活性微生物能够导致其快速的生物催化速率并减小 MFCs 的内阻。这导致 MFCs 的电池电压和输出功率密度都得到显著提高。我们不仅合成复合材料的超声共混方法操作简单、成本低、能在室温下进行、耗时短、对环境无污染、复合材料产量大，且用于 MFCs 的产电性能得到显著提高，这对于高性能 MFCs 阳极修饰材料的简单构建和进一步优化具有重要的参考意义。但是本章的研究也有一些不足的地方，如：PDDA-rGO 复合材料中覆盖在 rGO 纳米片上 PDDA具体含量的确定仍需要我们对其做进一步的探究。另外，PDDA 属于一种水溶性的聚阳离子电解质，PDDA 与 rGO 纳米片之间通过 π–π 相互作用复合。PDDA-rGO 复合材料应用于 MFCs 阳极修饰材料中，在阳极液体环境中大量多次的循环运营过程中 PDDA 是否会发生部分溶解这也是需要我们思考和继续探究的问题。

第4章 含铁化合物/rGO 纳米复合物应用于 MFCs 阳极的性能研究

4.1 引　言

　　MFCs 属于新兴的不断发展的生物技术领域，它能够通过产电微生物的有效代谢产生生物电能[1, 266-269]。在 MFCs 中，活性微生物的生物催化在细菌界面相互作用的生物阳极上发挥着非常重要的作用[270-271]。MFCs 作为一项新的生物电化学技术设备，通过利用产电微生物传递电子和产生生物电流已经获得了科学界的广泛关注[232, 272-274]。尽管 MFCs 具有巨大的应用潜力且最近几年有关 MFCs 的研究也取得了一些突破性的成果[274-277]，可是 MFCs 的实际应用仍然被较低功率密度的产生和较差的长期耐久性所阻碍[237, 278-279]。通常，产电微生物的生物催化是一个特别复杂的过程，包括生物催化和电催化过程[59]。在影响 MFCs 性能的各种因素中，阳极材料由于直接决定了活性细菌的附着量和胞外电子转移速率，是决定 MFCs 产电功率的关键部分。在这样的研究背景之下，探究和发展低成本高性能多种类的阳极修饰材料对于 MFCs 的进一步发展有非常重要的意义[280]。

　　含铁化合物由于其成本低廉、容易获得、地球含量丰富等已经逐渐被研究者们重视。其中，非贵金属基的硫铁化合物或铁氧化物或其与碳材料的复合物已经被发展并应用于 MFCs 中。Wang 等[73]制备了 FeS_2 纳米颗粒修饰的 rGO 纳米复合材料并用于 MFCs 阳极修饰材料，MFCs 的功率密度得到显著提升。实验结果证明 FeS_2 纳米颗粒能够显著减小扩散阻力并能提高 FeS_2/rGO 电极的离子扩散动力学机制。FeS_2/rGO 生物阳极加快了产电微生物和阳极之间的胞外电子转移速率，进而提高了 MFCs 的性能。Graphene/Fe_2O_3 纳米复合物修饰的碳毡生物阳极能够显著减小电池内阻并增加 MFCs 的功率输出[281]。FeS 包覆的 rGO 复合材料修饰的碳毡被用于 MFCs 中，在去除铬的同时还能同步发电[282]。Fe/Fe_2O_3 纳米颗粒生物阳极的 MFCs 其电流密度和功率密度都得到提高[283]。膨润土 -Fe 和 Fe_3O_4 修饰的阳极材料不仅用于土壤修复还能同步产电[274]。

本章中，我们通过简单的一步水热法制备了一系列不同纳米结构形态的多元含铁化合物 /rGO 纳米复合材料，并通过 XRD、SEM、TEM、TEM-Mappings 和 XPS 表征技术对其进行表征，证实了这些纳米复合材料的形貌和晶相组成能够通过前驱物的 pH 进行调控。材料表征结果显示 pH = 3.52 的纳米复合材料是由白铁矿型 FeS_2、$\alpha\text{-}Fe_2O_3$ 纳米粒子与 rGO 纳米片复合而成，而 pH = 4.56、5.41、7.2、8.78 和 9.45 的纳米复合物主要是由不同形貌的 $\alpha\text{-}Fe_2O_3$ 纳米结构和 rGO 纳米片构成。当 pH = 10.41 和 11.76 时，纳米复合物是 $\alpha\text{-}Fe_2O_3$、$\gamma\text{-}Fe_2O_3$ 与 rGO 的复合物并显示一定的磁性，同时我们对于这些复合材料的形成机理也进行了相应的推断。将这些复合材料修饰不锈钢网基底电极用于 MFCs 的阳极修饰材料，结果显示 MFCs 的功率密度都得到不同程度的提高。尤其是 pH = 3.52 的生物阳极的 MFCs 显示了最大的功率密度输出，当扫速是 1.0 mV s^{-1} 时最大功率密度输出是 1848.55 mW m^{-2}；当扫速是 10.0 mV s^{-1} 时，最大功率密度输出是 3820.77 mW m^{-2}。我们对于 pH = 3.52 阳极的 MFCs 产生较高功率密度的原因也进行了一定的探究。

另外，不锈钢网（stainless steel mesh，SSM）有很好的机械强度和较强的耐腐蚀性，不容易破损、成本低廉，本章中不锈钢网被用作阳极基底来探究复合材料对于 MFCs 产电性能的影响。

4.2　实验部分

4.2.1　含铁化合物 /rGO 纳米复合材料的制备

我们采用一步水热合成的方法制备多元含铁化合物 /rGO 纳米复合材料。具体制备过程如下：首先，称取 0.19 g 硫脲（NH$_2$）$_2$CS 和 0.675 g 无水 FeCl$_3$ 并分别置于 5.0 mL 的超纯水（ρ = 18.25 MΩ cm）中，机械搅拌直到固体完全溶解。其中，廉价的无水 FeCl$_3$ 用来提供铁源，

（NH$_2$）$_2$CS 提供硫源并作为还原剂。超纯水作为溶剂，无污染、绿色环保。其次，42.0 mg 的 rGO 固体粉末被分散在 7.5 mL 超纯水中形成均一的悬浊液。之后，将（NH$_2$）$_2$CS 和 FeCl$_3$ 溶液在冰浴超声（40 kHz）下倒入 rGO 悬浊液中。超声半小时后，逐滴加入 1.0 M NaOH 溶液直到混合液 pH 达到 3.52，继续超声半个小时，期间适量加入冰块维持超声水温在 25℃ 左右。接下来混合溶液被转移到 100 mL 聚四氟乙烯内衬的高压反应釜中，将反应釜拧紧并置于 50 r/min 均匀转速的烘箱中，在 180 ℃ 温度下反应 20 小时。待反应釜自然冷却到室温后，将样品在 10000 r/min 的转速下离心，并用超纯水洗涤数次，放入冷冻干燥箱彻夜冷冻干燥。

pH = 4.56、5.41、7.2、8.78、9.45、10.41 和 11.76 的纳米复合材料通过与上述同样的方法制备。

4.2.2　MFCs 的构建

与本书第 3 章中所用方法和程序相同。

将大块的 SSM 切割成 1.0 cm×1.0 cm 的小块状，之后将切割好的小块 SSM 依次在 1.0 M 的 KOH 溶液、超纯水、1.0 M 的 HCl 溶液、超纯水中分别浸泡 60 分钟，用超纯水洗涤之后，放入真空干燥箱中在 60 ℃ 的温度下干燥 4 小时，取出，备用。然后将经过预前处理的 SSM 用细铜丝连接起来，接口处通过 AB 胶遮盖。制备的 1.0 cm×1.0 cm 的 SSM 电极作为阳极基底电极。制备好的 SSM 基底电极如图 4-1 所示。

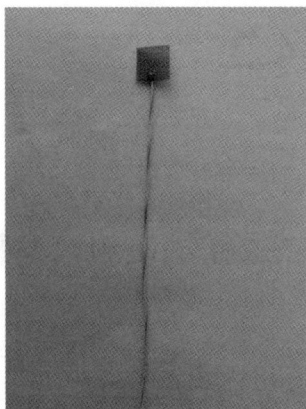

图 4-1　制备的 SSM 基底电极的图片

　　称取 2.0 mg 的含铁化合物 /rGO 粉末加入到 400 μL 0.1 wt% 的 Nafion- 乙醇溶液中超声 1 小时得到均匀的悬浊液，然后用移液枪移取逐滴滴加到 SSM 电极（1.0 cm×1.0 cm）的两面。由于不锈钢网有一定的空隙，所以每次用移液枪移取的液体要尽量少，要分多次缓慢滴加，然后置于红外灯下晾干，待电极彻底干燥后，用作 MFCs 的阳极。

　　作为对比，rGO 修饰的 SSM 电极和裸的 SSM 电极（1.0 cm × 1.0 cm）也用作 MFCs 的阳极。

　　2.0 cm×2.0 cm 的碳纸电极作为 MFCs 的阴极电极，制备方法与本书第 3 章中制备方法一致。

　　原始大肠杆菌的接种和培养与本书第 3 章中接种和培养方法一致。利用原始大肠杆菌液体培养液作为阳极生物催化剂构建 MFCs，外接 1000 Ω 电阻接入外电路。直到三个连续的放电循环过后，从放电后的阳极上接种大肠杆菌到固体培养基上，然后再从固体培养基接种大肠杆菌到液体培养基，用于 MFCs 的生物催化剂。其接种和培养方法与第 3 章中一致。

　　MFCs 的组装和构建与本书第 3 章中基本相同。仍然使用图 3-4 中的双室型 MFCs。阳极液体是由 50 mL 的 PBS 溶液，含 10.0 g L^{-1} 葡萄糖溶液、5.0 g L^{-1} 酵母浸膏和 5 mM HNQ（2- 羟基 -1，4- 萘醌），以及 20 mL 大肠杆菌液体培养液组成。阴极溶液是 70 mM 的 $K_3[Fe(CN)_6]$ 和 0.1 M KCl 溶液。阳极接种大肠杆菌后通入 50 分钟高纯氮气排除阳极室内的溶解氧并驯化大肠杆菌。然后将阳极室密封后将 MFCs 放入 37 ℃ 水浴锅中保持恒温运行环境，外接 1000 Ω 电阻形成闭合回路，将 MFCs 接入电压测试卡来监测 MFCs 的输出电压。

4.2.3　MFCs 的性能测试方法

　　在这个体系中，我们通过电化学线性扫描伏安法（Linear sweep voltammetry，LSV）来测试 MFCs 的极化曲线，然后换算成功率密度曲线。具体做法是：待 MFCs 电压达到稳定的峰值后，通过电化学工作站测试 MFCs 的 LSV 曲线。通过公式 $P = UI$ 计算 P 值，然后归一化阳极的几何面积通过公式 $I_A = I/A$ 和 $P_A = P/A$ 计算得到电流密度和功率密度，作图得到功率密度曲线。

4.2.4　电化学测试方法

在本章中，所有电化学线性扫描伏安 LSV 测试都在 CHI760e 电化学工作站上进行。MFCs 的阳极用作工作电极，MFCs 的阴极用作对电极和参比电极，电压范围设置成从开路电压到零，开路电压的设置值是 MFCs 开路电压的稳定值。

电化学 EIS 测试在开路电压下执行，频率范围为：100000 ~ 0.01 Hz，振幅为 5 mV，MFCs 的阳极用作工作电极，MFCs 的阴极用作对电极和参比电极。

4.3　结果和讨论

4.3.1　含铁化合物 /rGO 复合材料的物理表征

含铁化合物 /rGO 纳米复合材料（pH = 3.52、4.56、5.41、7.2、8.78、9.45、10.41 和 11.76）的 SEM 图和 TEM 图分别如图 4-2 和图 4-3 所示。

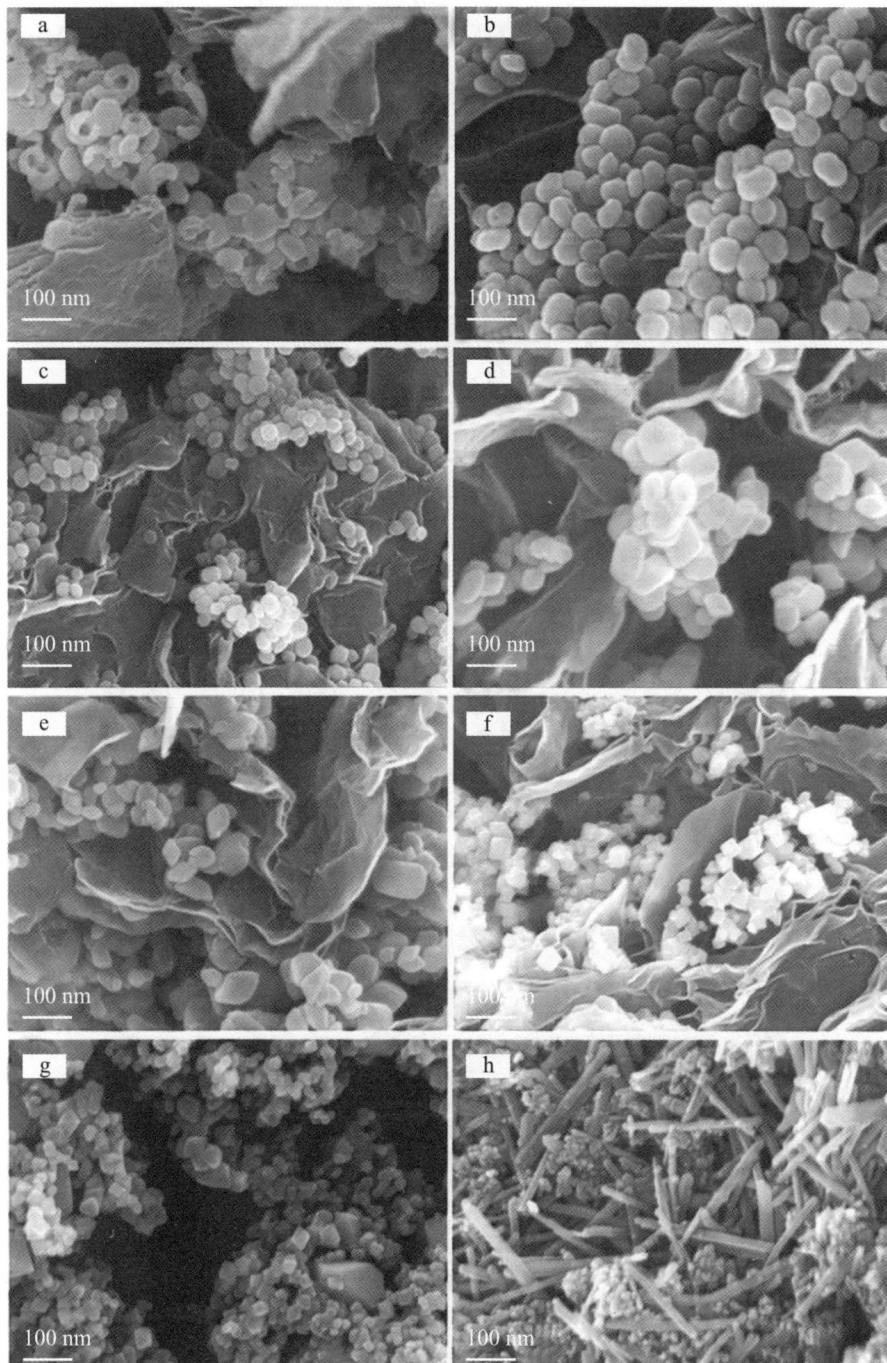

（a）pH=3.52；（b）pH=4.56；（c）pH=5.41；（d）pH=7.2；
（e）pH=8.78；（f）pH=9.45；（g）pH=10.41；（h）pH=11.76

图 4-2 多元含铁化合物 /rGO 复合材料的 SEM 图

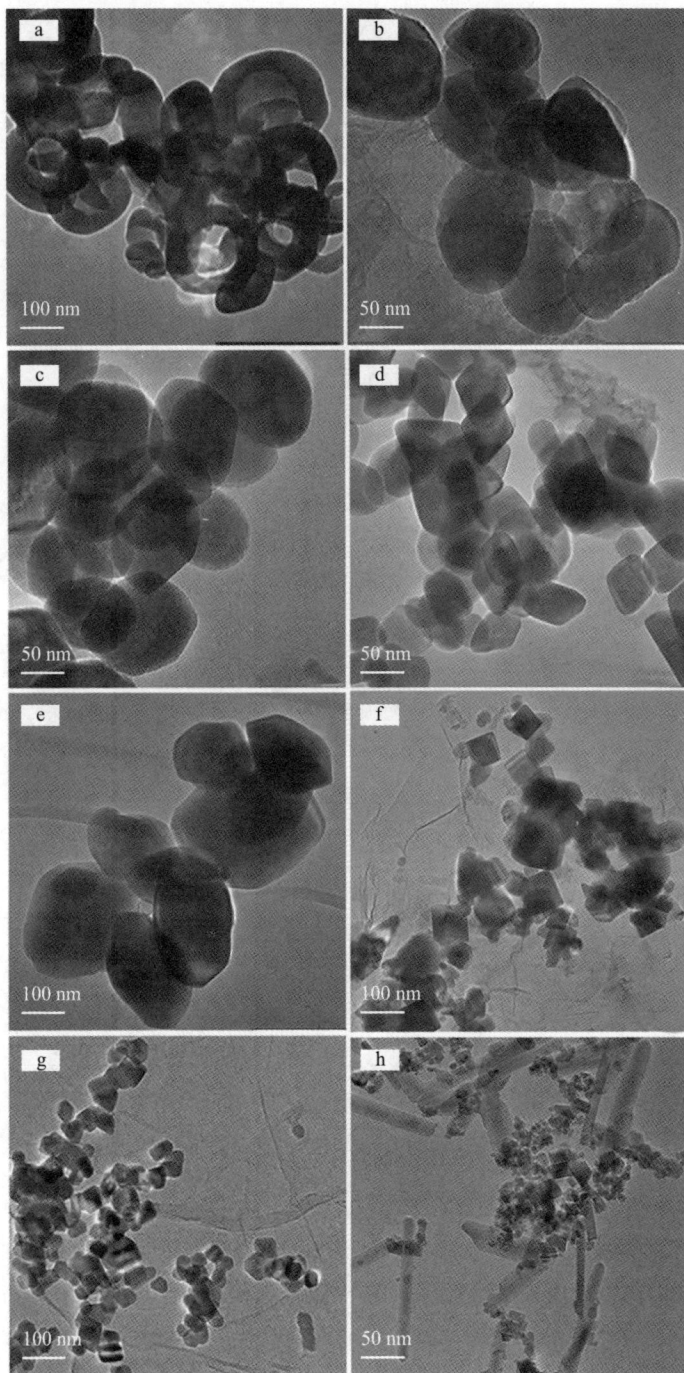

（a）pH=3.52；（b）pH=4.56；（c）pH=5.41；（d）pH=7.2；
（e）pH=8.78；（f）pH=9.45，（g）pH=10.41；（h）pH=11.76

图 4-3　多元含铁化合物 /rGO 纳米复合材料的 TEM 图

从图中能够看出在不同的 pH 下纳米复合材料有明显不同的形貌。从图 4-2（a）、图 4-4（a）和图 4-4（b）中能够看到 pH = 3.52 的复合材料中呈现出纳米环的环状结构和 rGO 的片状结构。粗略估计，大部分纳米环的尺寸大约在 100 ~ 200 nm，纳米环中间孔的尺寸在 60 ~ 120 nm 之间。pH = 3.52 纳米复合材料的纳米环形貌也能进一步从图 4-3（a）和图 4-5 的 TEM 表征图中证实。这里需要注意的是从图 4-4（a）和图 4-4（b）中能够看到 pH = 3.52 纳米复合材料大面积显示的都是 rGO 纳米片层上负载的纳米环结构，可是从图 4-4（c）和图 4-4（d）中我们能看到复合材料中在 rGO 纳米片层上除了有纳米环，也有块状结构构成的大的微球结构出现。结合 pH = 3.52 纳米复合材料的 SEM 和 TEM 表征图，我们能观察到复合材料的纳米环显示着部分团聚的现象，纳米环和中间孔的尺寸并不均匀，而且有些环没有完全闭合。当 pH 是 4.56 时，如图 4-2（b）和图 4-3（b）所示，纳米复合物呈现了像"红细胞"形状的结构并负载在 rGO 片层上，那些像"红细胞"形状的纳米颗粒尺寸相对是不均匀的，大约在 60 ~ 120 nm。有趣的是，那些"红细胞"中心看上去像是 pH = 3.52 的纳米复合材料上纳米环中间的孔被堵上一样。如图 4-2（c）和图 4-3（c）中显示，pH = 5.41 的复合材料显示出在 rGO 纳米片上不规则的纳米球形貌，那些纳米球的尺寸是相对均匀的，大约在 70 nm 左右，其中的一些趋向于形成不规则的六面体形貌。图 4-2（d）和图 4-3（d）是 pH = 7.2 复合材料的 SEM 图和 TEM 图，可以看出在 rGO 纳米片上有很多菱面体纳米结构，菱面体的尺寸在 70 ~ 100 nm。当 pH = 8.78 时，如图 4-2（e）和图 4-3（e）所示，复合材料仍然显示出 rGO 的片层结构上修饰的菱面体纳米颗粒状构型，但是大部分菱面体颗粒变得更加均匀。菱面体颗粒的尺寸大约在 70 ~ 200 nm，其中也有一些其他不规则形貌的纳米颗粒出现。图 4-2（f）和图 4-3（f）显示的是 pH = 9.45 的纳米复合材料，能够看到复合材料中除了菱面体和其他一些不规则形貌的纳米颗粒（大约 50 nm）外，还出现了很多较大尺寸的正六面体，正六面体颗粒的尺寸大约在 100 ~ 160 nm。如图 4-2（g）和图 4-3（g）所示是 pH = 10.41 的纳米复合材料，令人惊讶的是，复合材料中出现了规则的八面体形貌，尺寸在大约 60 nm 左右。当 pH = 11.76，如图 4-2（h）和图 4-3（h），密密麻麻的纳米颗粒和纳米棒状结构堆垛在 rGO 纳米片上，纳米颗粒的尺寸大约在 10 ~ 20 nm，纳米棒直径在 20 ~ 50 nm。很明显，前驱物的 pH 能够影响多元铁化合物/rGO 纳米复合材料的形貌。

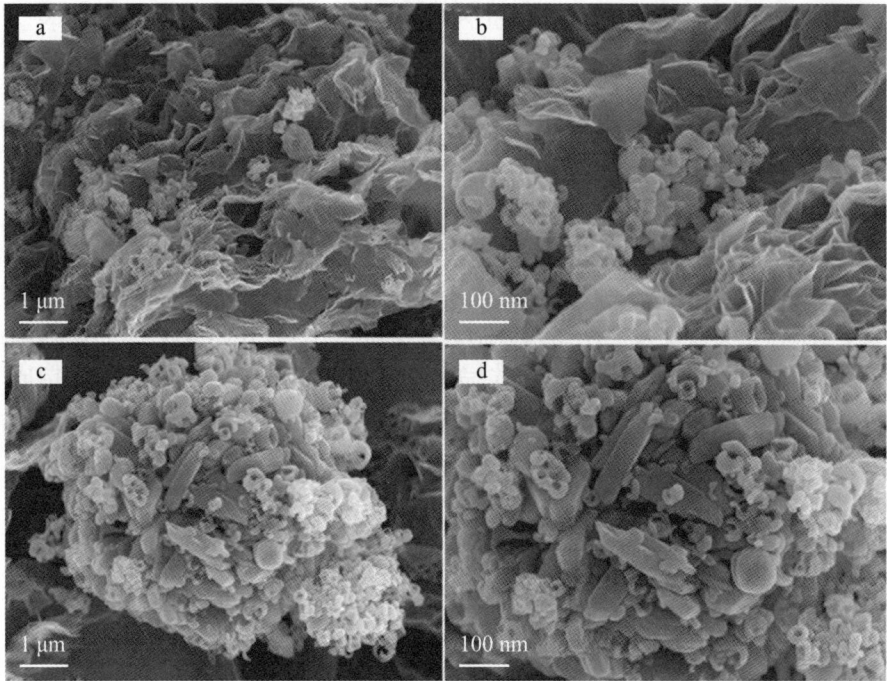

图 4-4 pH=3.52 纳米复合材料的 SEM 表征图

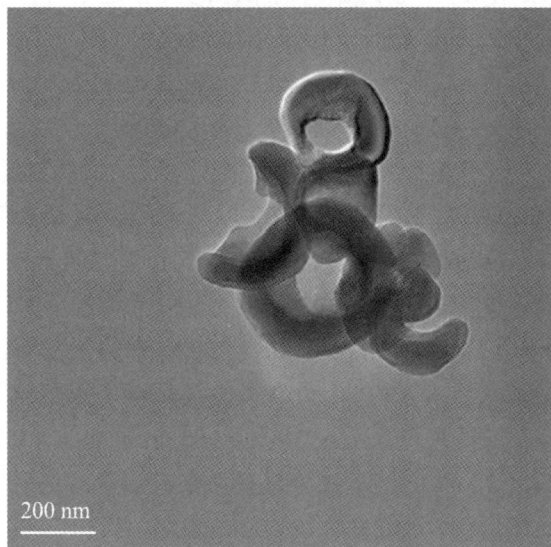

图 4-5 pH = 3.52 的纳米复合材料的 TEM 图

图 4-6（a）～图 4-6（d）是 pH = 3.52 纳米复合材料的 XRD 图和 XPS 谱图。正如图 4-6（a）中显示，复合材料在 2θ = 25.95°、33.06°、

33.29°、37.31°、38.94°、47.63°、52.09°、53.36°、54.21°、54.88°、57.87° 处有明显的衍射峰，能够很好地对应白铁矿型 FeS$_2$（PDF 标准卡片：74-1051；空间点群：Pnnm（58）；晶格参数：a = 4.436 Å，b = 5.414 Å，c = 3.381 Å）。2θ = 24.14°、35.61°、40.85°、49.48° 处的衍射峰能够对应 Fe$_2$O$_3$ 的晶相（PDF 卡片：33-0664；空间点群：R-3c（167）；晶格参数：a = 5.036 Å，b = 5.036 Å，c = 13.749 Å。这里的 Fe$_2$O$_3$ 的晶相符合 R-3c 空间点群，对应的是 α-Fe$_2$O$_3$ 的晶相结构[284]。其中，rGO 在 2θ = 26° 的特征衍射峰被白铁矿型 FeS$_2$ 和 α-Fe$_2$O$_3$ 强的特征衍射峰遮盖。同时，XRD 图中尖锐的衍射峰形标志着纳米复合物具有很好的结晶度。

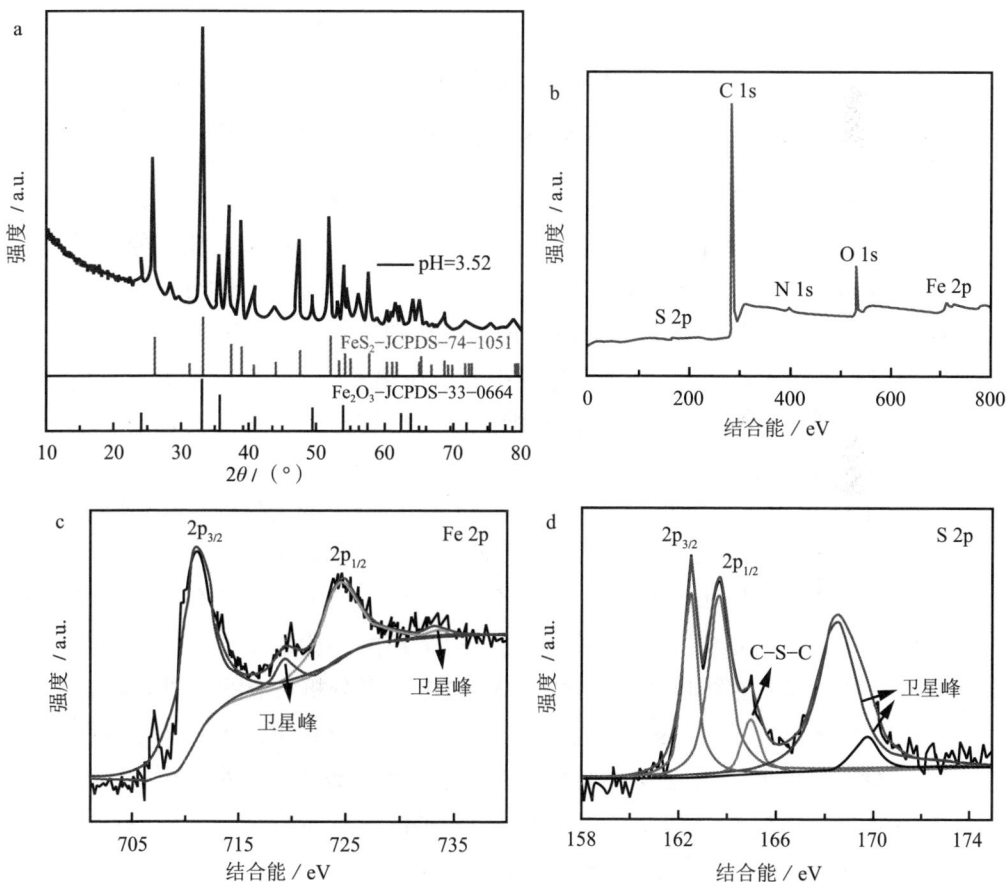

（a）、（b）pH=3.52 纳米复合物的 XRD 图和 XPS 全谱图；

（c）、（d）pH=3.52 纳米复合物的 Fe 2p 分峰谱图和 S 2p 分峰谱图

图 4-6　pH=3.52 纳米复合材料的 XRD 图和 XPS 谱图

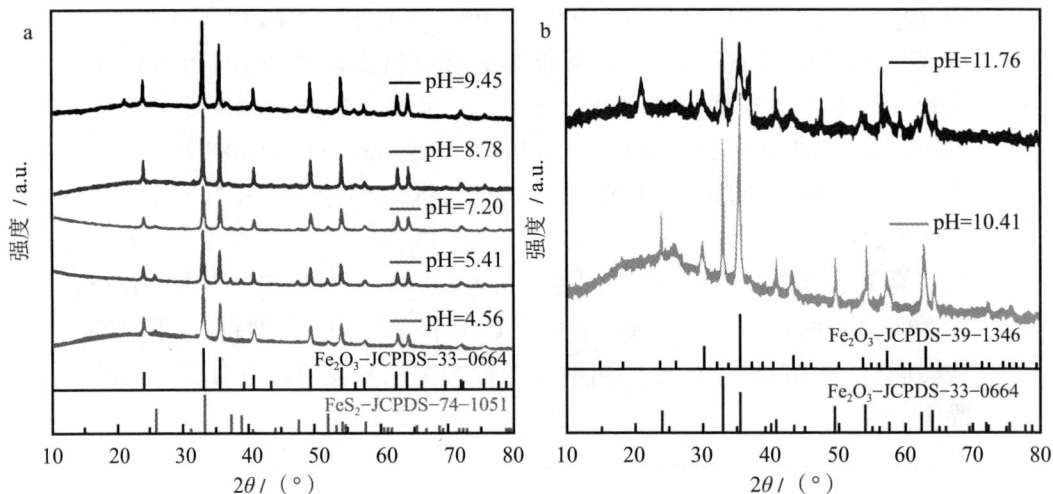

（a）pH=4.56，5.41，7.2，8.78 和 9.45；（b）pH=10.41 和 11.76

图 4-7　多元含铁化合物 /rGO 纳米复合材料的 XRD 谱图

　　为了进一步确定 pH = 3.52 纳米复合材料中纳米环结构的种类，我们对其做了多个纳米环和单个纳米环的 TEM-EDS mappings 表征，分别显示在图 4-8 和图 4-9 中。图 4-8（a）上显示着多个纳米环结构分布在大的球状物质上，这与图 4-4（c）是一致的。从图 4-8（a-3）和（a-4）中能看到在多个纳米环上 Fe 和 O 元素集中分布在纳米环的结构框架上。有趣的是，在图 4-8（a-5）中能看出在纳米环的结构框架上 S 元素是基本不存在的，而在大的球状物质上 S 元素基本是均匀分布的。在图 4-8（b）中的 TEM-EDS 元素分析对应的是图 4-8（a）中标出的点分析，图 4-8（c）显示的是对应的 C、O、Fe、S 元素的原子比。从图 4-9（a-3）和（a-4）中同样能够看出在单个纳米环上 Fe 和 O 元素也是集中分布在纳米环的结构框架上。在图 4-9（a-5）中能看出在纳米环的结构框架上 S 元素也是基本不存在的。在图 4-9（b）中的 TEM-EDS 元素分析对应的是图 4-9（a）中标出的点分析，图 4-9（c）显示的是对应的 C、O、Fe、S 元素的原子比，这些都和图 4-8 中多个纳米环的表征结果是一致的。另外，图 4-8（c）中多个纳米环和 4-9c 中单个纳米环中 TEM-EDS 元素分析都能证明在纳米环的结构框架上 S 元素的原子比是很微小的。

　　结合 SEM 图、XRD 图和 TEM-EDS mappings 图和元素分析图得出：pH = 3.52 纳米复合材料上纳米环结构框架上主要是 α-Fe_2O_3，而由块状结构组成的微米球的成分主要是 FeS_2。

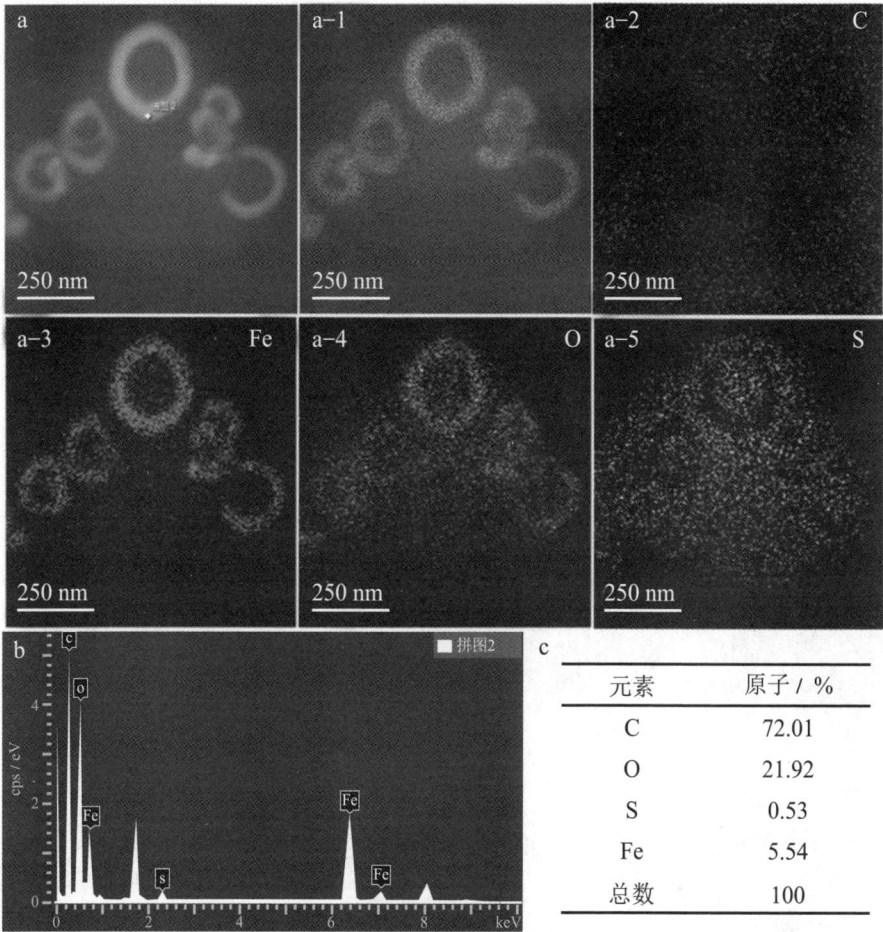

（a）TEM-EDS mappings 图；（b）TEM-EDS 元素分析；
（c）多元环上各种元素的原子比

图 4-8　pH=3.52 纳米复合物的 TEM-EDS　mappings 图、
TEM-EDS 元素分析和多元环上各种元素的原子比

另外，pH = 3.52 纳米复合材料的表面化学成分通过 XPS 技术进行分析。正如显示在图 4-6（b）中的 XPS 全谱中，复合物显示了 C 1s、O 1s、N 1s、Fe 2p 和 S 2p 元素谱峰的存在。痕量的 N 元素可能是来自 rGO 或前驱物（NH$_2$）$_2$CS 或是空气中的氮气。如图 4-6（c）中 Fe 的 2p 分峰谱图中，Fe 2p$_{3/2}$ 和 Fe 2p$_{1/2}$ 的电子结合能处于 711.1 eV 和 724.7 eV。在 719.3 eV 和 733.2 eV 处的两个小的卫星峰对应的是表面的氧化态[285-286]。图 4-6（d）中 S 2p 的分峰谱图显示着 S 2p$_{3/2}$ 和 S 2p$_{1/2}$ 峰分别置于 162.5 eV 和 163.7 eV 处，这和 FeS$_2$ 中 S 的电子结合能是一致

的 [73, 286–289]。这些和前面的 XRD 图的分析结果是统一的。此外，出现在 164.9 eV 处较强的峰对应的是 C-S-C 键，可能是一部分 S 原子进入了 C 框架 [290]。值得注意的是，在 165.2 eV 处的 2p$_{1/2}$ 和 164.0 eV 处的 2p$_{3/2}$ 没有 S 单质的信号出现，标志着复合材料中没有 S 单质的形成。在 168.5 eV 和 169.7 eV 处的两个峰对应于硫的氧化态 SO$_x$，这可能是由于样品在储存过程中的氧化导致 [288]。

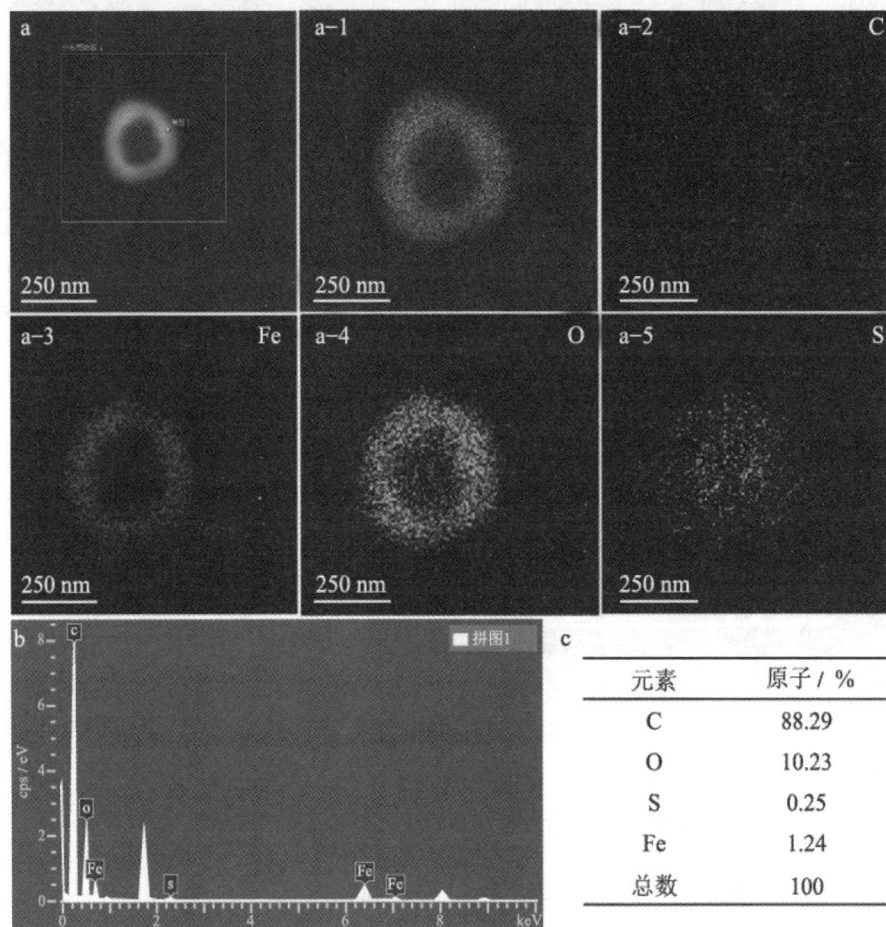

元素	原子 / %
C	88.29
O	10.23
S	0.25
Fe	1.24
总数	100

（a）TEM-EDS mappings 图；（b）TEM-EDS 元素分析；
（c）单个环结构上各种元素的原子比

图 4-9　pH=3.52 纳米复合物的 TEM-EDS mappings 图、
TEM-EDS 元素分析和单个环结构上各种元素的原子比

简言之，在较低的温度下通过一锅水热方法合成的 pH = 3.52 的纳米复合材料显示着非常新奇的纳米环形貌，表征结果显示这些具有特殊形

貌的纳米环主要是 α-Fe$_2$O$_3$ 纳米结构，且制备过程中反应温度较低、以环保无污染的超纯水作为溶剂，到目前为止，这是很少见的。

图 4-7（a）和图 4-7（b）是 pH = 4.56、5.41、7.2、8.78、9.45、10.41 和 11.76 的纳米复合物的 XRD 图。如图 4-7（a）所示，pH = 7.2、8.78 和 9.45 的纳米复合材料显示了 α-Fe$_2$O$_3$（PDF 卡片：33-0664）的特征衍射峰。而 pH = 4.56 和 5.41 的复合物，除了 α-Fe$_2$O$_3$ 的特征衍射峰，在 2θ = 25.9°、37.3°、52.1° 处显示出很小的白铁矿型 FeS$_2$ 的特征衍射峰。图 4-10（a）显示的是不同 pH 下纳米复合材料粉末的数码照片。很明显 pH = 7.2、8.78 和 9.45 的纳米复合材料显示的是 α-Fe$_2$O$_3$ 典型的红色，pH = 4.56 和 5.41 的复合材料显示了红棕色。pH = 3.52 的复合材料显示的几乎是黑色，这是由于复合材料中 FeS$_2$ 的存在造成的。这些与图 4-6 及图 4-7 中 XRD 图所示是一致的。pH = 9.45 纳米复合材料的 TEM-EDS Mappings 图显示在图 4-11 中。显然，正六面体和其他不规则的纳米颗粒都显示了 Fe 和 O 元素的集中分布。在图 4-7（b）中，pH = 10.41 和 11.76 的纳米复合物显示了 α-Fe$_2$O$_3$ 和磁赤铁矿 γ-Fe$_2$O$_3$PDF 标准卡片：39-1346；空间点群：P4$_1$32（213）；晶格参数：a = 8.351 Å；b = 8.351 Å，c = 8.351 Å）的特征衍射峰 [284]。pH = 11.76 的纳米复合材料中所有 XRD 衍射峰的半峰宽都相对较宽，说明形成纳米颗粒的尺寸是相对较小的，这和前述 pH = 11.76 纳米复合材料的 SEM 和 TEM 图一致。特别是正如显示在图 4-10（c）和图 4-10（d）中，只有 pH = 10.41 和 11.76 的纳米复合物能被磁铁吸引起来，这也证明了磁赤铁矿 γ-Fe$_2$O$_3$ 的存在。此外，pH = 10.41 和 11.76 纳米复合物的 TEM-EDS mappings 图分别呈现在图 4-12 和图 4-13 中。在图 4-12（a-3）和图 4-12（a-4）中 Fe 和 O 元素集中分布在 pH = 10.41 纳米复合物的八面体颗粒和其他形貌的颗粒上。而在图 4-13（a-3）和图 4-13（a-4）中 Fe 和 O 元素集中分布在 pH = 11.76 纳米复合物的颗粒型和棒状结构上。棒状和颗粒状结构的 TEM-EDS 元素分析呈现在图 4-13（b）和图 4-13（d）中，对应的 C、O、Fe、S 元素的原子比分别显示在图 4-13（c）和图 4-13（e）中，在棒状结构和颗粒状结构上几乎没有 S 元素的存在（原子比分别是 0.00 和 0.04）。基于这些，说明 pH = 10.41 和 11.76 纳米复合物是由 α-Fe$_2$O$_3$、磁赤铁矿 γ-Fe$_2$O$_3$ 和 rGO 纳米片构成。

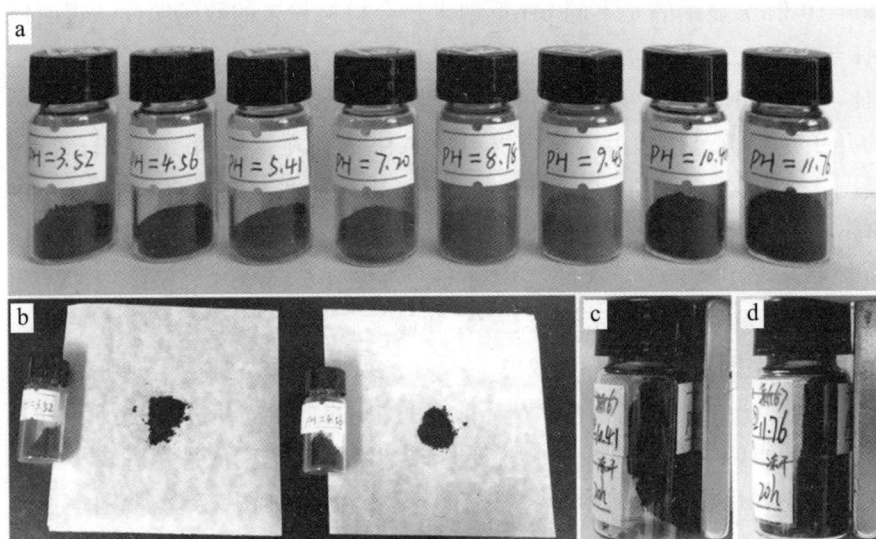

（a）在不同 pH 下多元含铁化合物 /rGO 纳米复合材料的数码照片；
（b）在 pH=3.52 和 4.56 时复合材料粉末的数码照片；（c）pH=10.41 纳米
复合材料的数码图片；（d）pH=11.76 纳米复合材料在磁铁吸引下的数码照片

图 4-10 数码照片

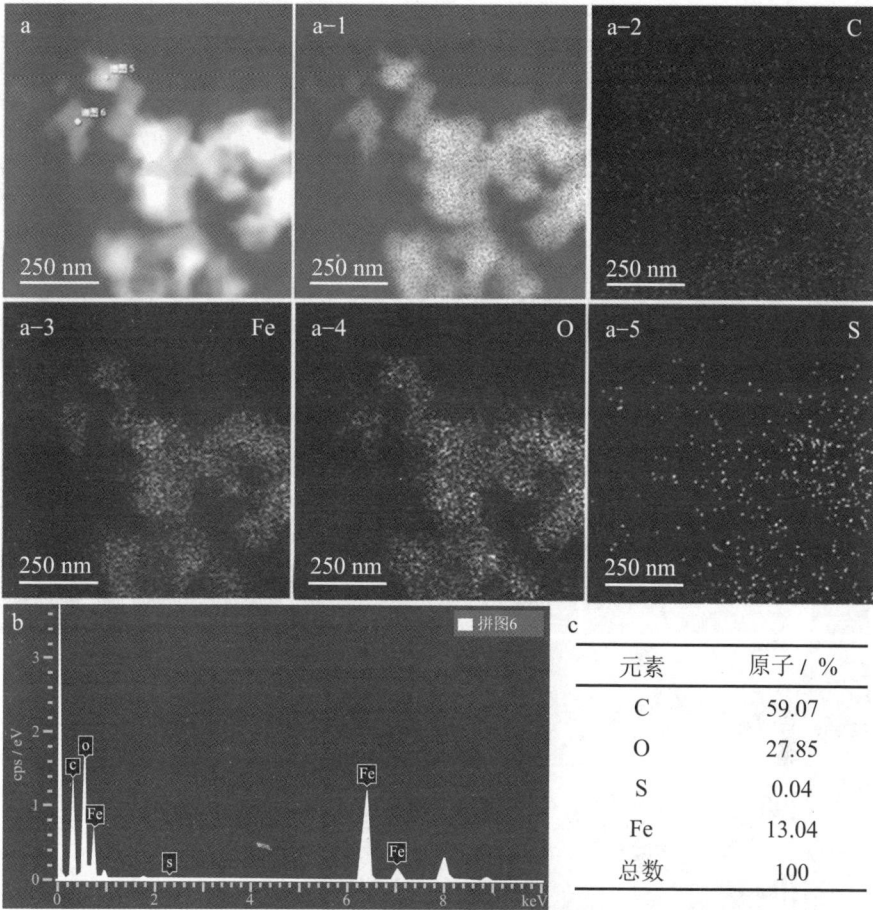

元素	原子 / %
C	59.07
O	27.85
S	0.04
Fe	13.04
总数	100

（a）TEM-EDS　mappings 图；（b）TEM-EDS 元素分析；（c）元素的原子比

图 4-11　pH=9.45 纳米复合材料的 TEM-EDS Mappings 图

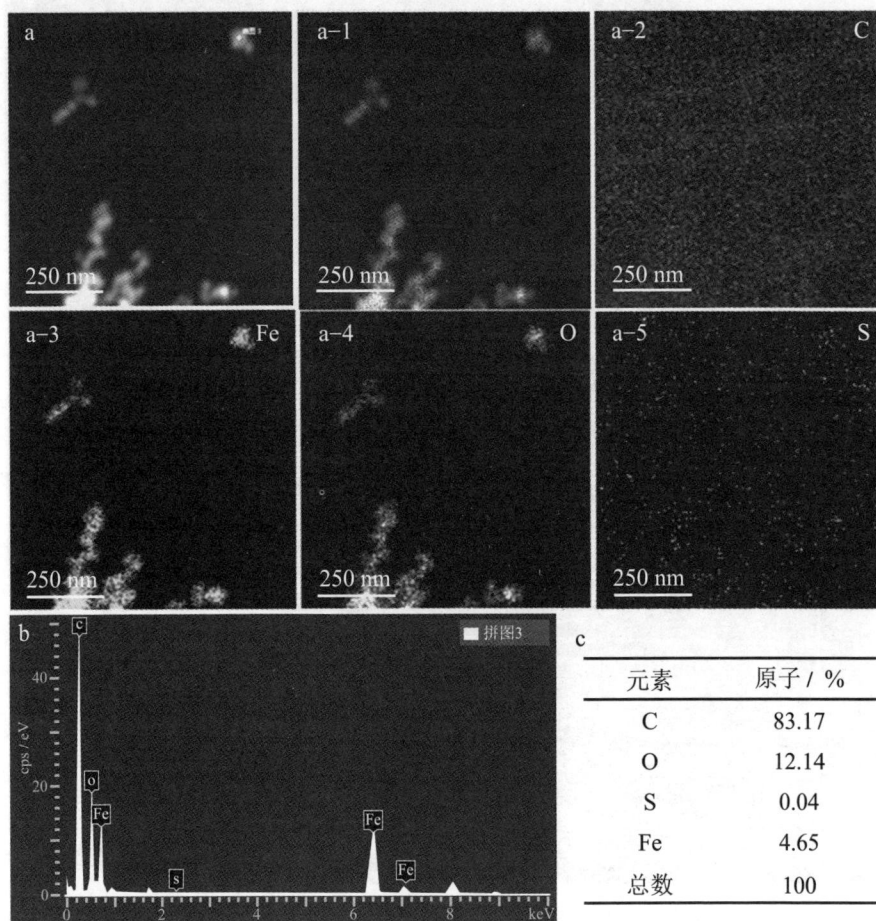

（a）TEM-EDS mappings 图；（b）TEM-EDS 元素分析；（c）元素的原子比

图 4-12　pH=10.41 纳米复合物的 TEM-EDS mappings 图

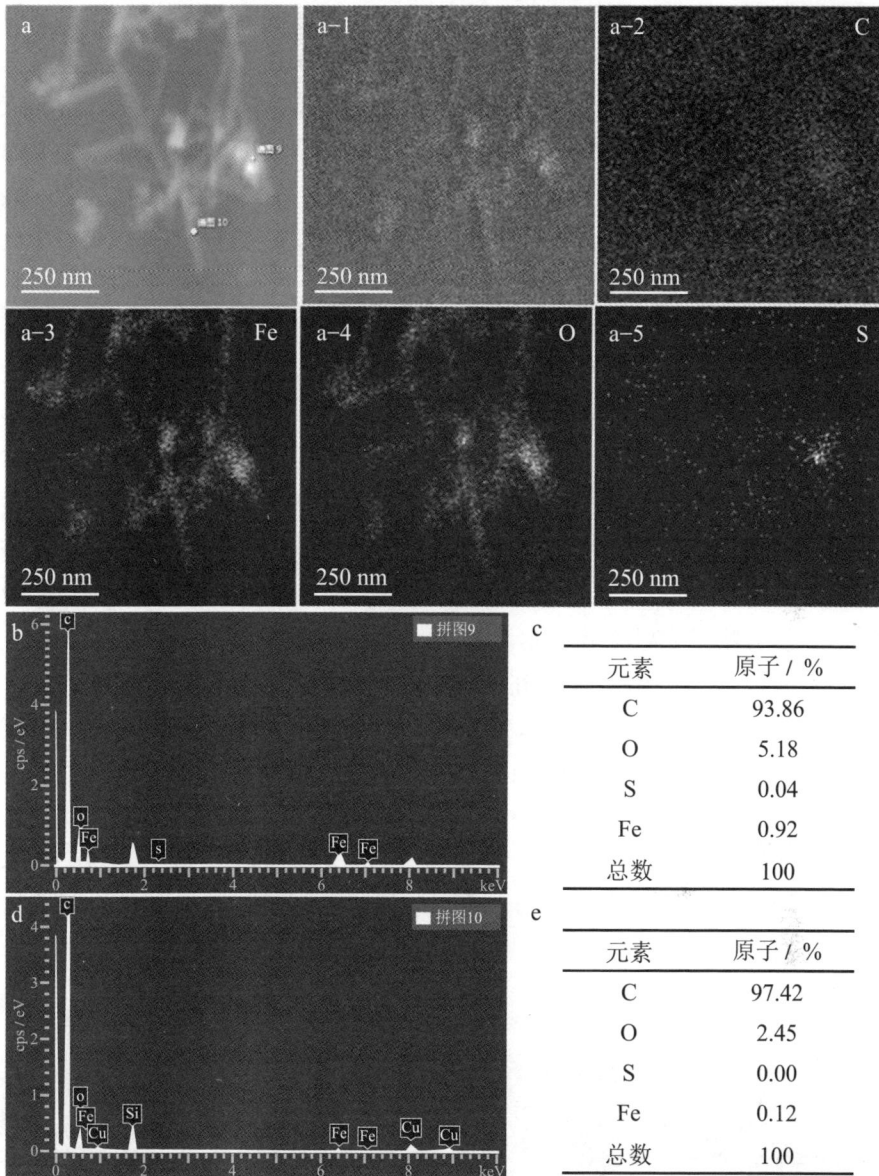

（a）TEM-EDS mappings 图；（b）TEM-EDS 元素分析；

（c）在颗粒状纳米结构上各种元素的原子比；（d）TEM-EDS 元素分析；

（e）棒状纳米结构上各种元素的原子比

图 4-13　pH=11.76 纳米复合物的 TEM-EDS mappings 图

很明显，我们通过一步水热法在不同的前驱物 pH 下制备得到含铁化合物 /rGO 纳米复合材料。表征结果显示复合材料在不同的前驱物 pH 下显示了不同的形貌和晶相组成。我们进一步对于复合材料的形成机制做一些推断，如下：来自 FeCl3 溶液中的 Fe^{3+} 离子由于丰富的表面含氧基团的存在（例如 -OH 基团）能够被吸附在透明的 rGO 片层上 [291]。文献报道显示随着混合物温度的逐步上升水解反应被促进，且 rGO 片层上的部分 Fe^{3+} 能转变为 FeO（OH）[292]。基于此，我们推断在 pH = 3.52 的酸性环境中，部分 Fe^{3+} 离子水解形成 FeO（OH）。在 pH = 4.56、5.41、7.2、8.78 和 9.45 时，部分 Fe^{3+} 离子转变为 Fe（OH）$_3$。在强碱性 pH = 10.41 和 11.76 时，大量的 Fe^{3+} 离子转变为 Fe（OH）$_3$ 沉淀。pH = 3.52、7.2、10.41 和 11.76 混合液在转移到高压反应釜前的数码照片如图 4-14 所示，这和我们做出的推断是一致的。当反应釜中混合液的温度升高到 180° 左右时，（NH_2）$_2$CS 分子分解，不同 pH 的条件下（NH_2）$_2$CS 的分解速率不同，在酸性环境中随着 pH 增加（NH_2）$_2$CS 分解速率下降 [293]。可能在 pH = 3.52 的环境中，（NH_2）$_2$CS 分子分解产生的 H_2S 与 Fe^{3+} 离子反应生成白铁矿型的 FeS_2，前述的 FeO（OH）转变为 α-Fe_2O_3。最终，pH = 3.52 的纳米复合物是白铁矿型 FeS_2、α-Fe_2O_3 和 rGO 的纳米复合物。当 pH = 4.56 和 5.41 时，（NH_2）$_2$CS 的分解速率降低，导致了少量 H_2S 的产生，所以 pH = 4.56 和 5.41 的纳米复合物主要是由 α-Fe_2O_3 和微量的 FeS_2 组成。当 pH 增加到 7.2、8.78 和 9.45 时，H_2S 在碱性溶液中不容易生成，前述的 Fe（OH）$_3$ 转化为 α-Fe_2O_3。当 pH = 10.41 和 11.76 时，强碱性环境中丰富的 –OH 组分导致了大量的 Fe（OH）$_3$ 的形成，部分 Fe（OH）$_3$ 在强碱性环境下转变成 γ-Fe_2O_3，所以 pH = 10.41 和 11.76 的纳米复合物是由 α-Fe_2O_3、γ-Fe_2O_3 和 rGO 组成。

（a）pH=3.52；（b）pH=7.2；（c）pH=10.41；（d）pH=11.76

图 4-14　转移到高压反应釜前的混合液的数码照片

4.3.2　MFCs 的性能测试

功率密度曲线和极化曲线用来评估 MFCs 的性能。图 4-15（a）和图 4-15（b）是在 1.0 mV s^{-1} 扫速下含铁化合物 /rGO 纳米复合材料生物阳极 MFCs 的功率密度曲线和极化曲线。pH = 3.52、4.56、5.41、7.2、8.78、9.45、10.41、11.76 纳米复合物阳极、rGO 和裸 SSM 阳极 MFCs 的最大功率密度分别是 1848.55、772.70、624.10、657.76、839.04、692.79、815.72、536.08、477.3 和 369.7 mW m^{-2}。对应的电流密度分别是 3910.12、1854.2、1570.50、1610.17、2218.46、1661.68、1829.01、1199.72、1367.65 和 1057.26 mA m^{-2}。显然，pH = 3.52、4.56、5.41、7.2、8.78、9.45 和 10.41 阳极 MFCs 的功率密度和电流密度比 rGO 和 SSM 阳极 MFCs 更高，而 pH = 11.76 阳极的 MFCs 功率密度比 rGO 阳极的 MFCs 轻微增加，但是电流密度却有稍微降低。pH = 3.52 纳米复合材料作为阳极的 MFCs 产生了最大的功率密度和电流密度，其最大功率密度分别是 pH = 4.56、5.41、7.2、8.78、9.45、10.41、11.76 阳极、rGO 和 SSM 阳极 MFCs 的 2.39 倍、2.96 倍、2.81 倍、2.20 倍、2.67 倍、2.27 倍、3.45 倍、3.87 倍和 5.0 倍。

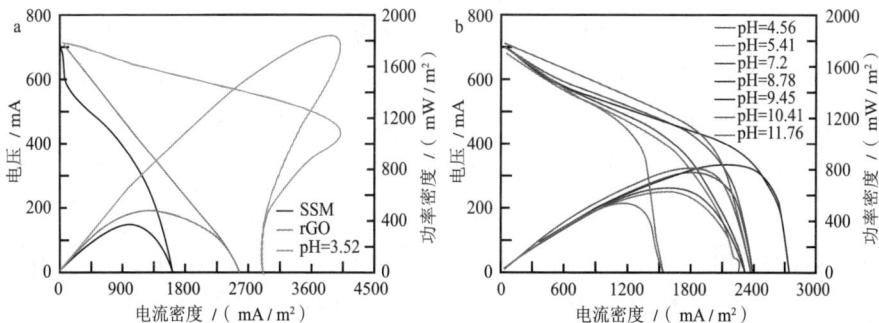

（a）SSM、rGO 和 pH=3.52 阳极；
（b）pH=4.56、5.41、7.2、8.78、9.45、10.41 和 11.76 阳极

图 4-15　MFCs 的功率密度曲线和极化曲线

此外，MFCs 的功率密度也和扫描速度有关[43]，如图 4-16 所示。在 10 mV s^{-1} 的扫速下 pH = 3.52 生物阳极 MFCs 产生的最大功率密度为 3820.77 mW m^{-2}，对应的最大电流密度是 9957.33 mA m^{-2}。制备纳米复合材料简单的一步合成方法、纳米环负载 rGO 的新奇形貌以及 MFCs 提

升的功率密度，这些都对高性能 MFCs 的发展具有积极的影响。

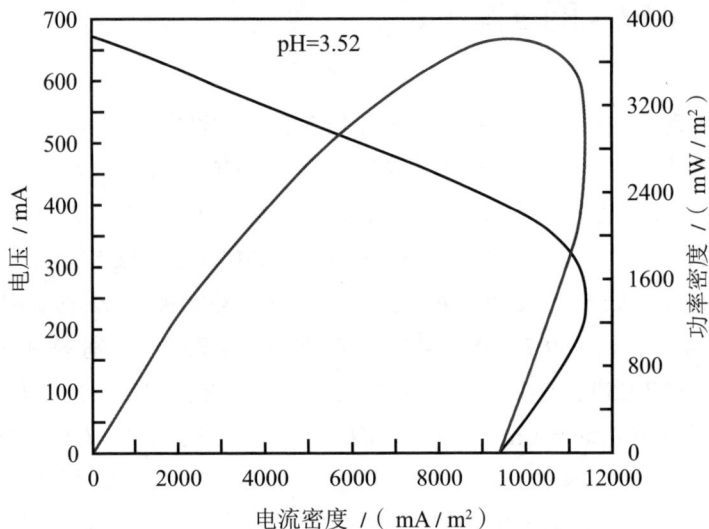

图 4-16 扫速是 10 mV s⁻¹ 时 pH=3.52 阳极 MFCs 的功率密度曲线和极化曲线

为了调查电荷转移动力学机制和进一步评估不同阳极 MFCs 的胞外电子转移效率以及 pH = 3.52 阳极 MFCs 最大功率密度的产生机制，我们对 MFCs 进行了电化学阻抗谱（EIS）的测试，如图 4-17（a）、图 4-18（a）和图 4-18（b）中所示。溶液的阻抗 R_s 是曲线和 X 轴相交的第一个点。在高频处的半圆的直径反映的是电荷转移阻抗 R_{ct}，同时能够有效反映 MFCs 的内阻。正如显示在图 4-17（a）、图 4-18（a）和图 4-18（b）中，不同阳极 MFCs 呈现不同的 R_s 和 R_{ct} 值。更低的 R_s 值代表了在生物阳极和阳极液之间更快的界面传质，这表示更多的营养物质运送给产电微生物供其新陈代谢。更小的 R_{ct} 反映了在电化学活性细菌和阳极催化剂之间更高效的胞外电子转移速率[41]。pH = 3.52 阳极 MFCs 有最低的 R_s 和 R_{ct} 值，较低的 R_s 值反映了复合材料修饰的 MFCs 阳极和阳极液之间高效的界面传质，这可能是由于复合材料特别的中间有孔的纳米环状形貌导致底物更容易透过。较低的 R_{ct} 值反映了阳极材料和活性细菌之间具有促进的胞外电子转移速率，同时也反映了 MFCs 具有较小的电池内阻。图 4-17（b）中显示的是 pH = 3.52 的电极在没有大肠杆菌粘附时的 EIS 谱图，显示着更大的 R_{ct} 值。这标志着活性微生物的富集能够导致产生阳极对燃料快速的生物催化效率的同时，还能够有效地减小 MFCs 的内阻[265]。这也间接证实了在 pH = 3.52 生物阳极上活性生物膜的形成和其良好的生物相容性[46]。因此，pH = 3.52 阳极的 MFCs 产生了最大的输出功率密度。pH = 4.56、5.41、7.2、8.78、9.45 和 10.41 复合材料阳极 MFCs 比 rGO 有更小的 R_{ct}，对应着它们增强的胞外电子转移速率和提升的功率密度，而 pH = 11.76 复合材料的 MFCs 比 rGO 有更大的 R_{ct}，这标志着它较差的电荷转移能力和更大的电池内阻，所以 pH = 11.76 阳极的 MFCs 产生更低的电流密度。

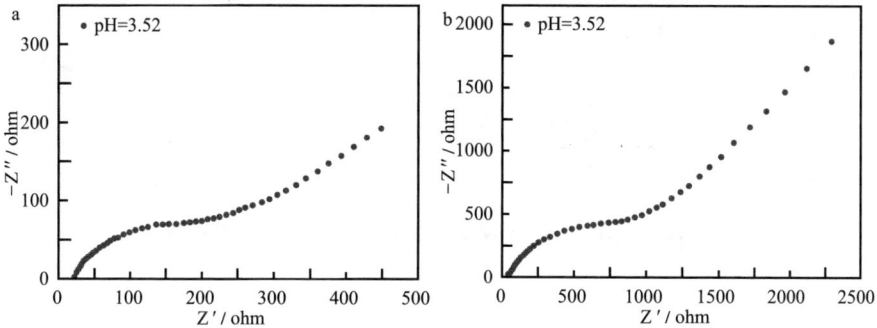

（a）pH=3.52 生物阳极 MFCs 的 EIS 谱图；（b）pH=3.52 电极的 EIS 谱图

图 4-17　频率范围：100 kHz ~ 10 mHz；振幅：5 mV

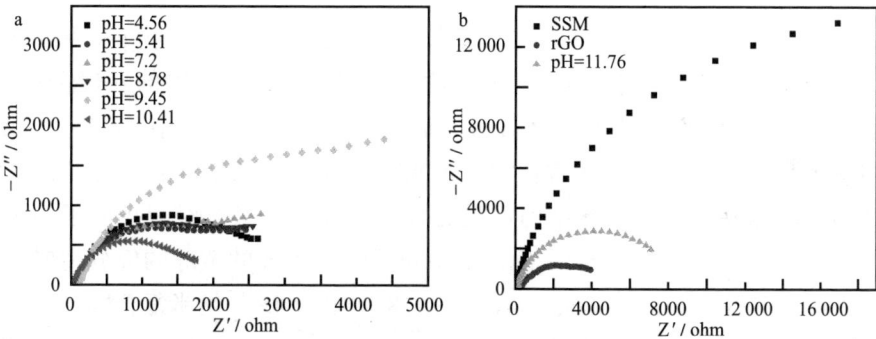

（a）pH=4.56、5.41、7.2、8.78、9.45 和 10.41 生物阳极 MFCs 的 EIS 谱图；

（b）pH=11.76，rGO 和 SSM 生物阳极 MFCs 的 EIS 谱图

图 4-18　频率范围：100 kHz ~ 10 mHz；振幅：5 mV

pH = 3.52 阳极 MFCs 的重复性放电测试是通过外接 1000 Ω 阻值的电阻构成闭合回路，在 NI6009 电压测试卡上完成测试。图 4-19 显示了 pH = 3.52 阳极 MFCs 的重复性放电曲线。我们观察到 MFCs 在加入阳极液和阴极液之后产生了连续的电压输出，一段时间后电压上升到一个稳定的峰值，但是由于基质的不断消耗电压逐渐减小。图 4-19（a）和图

4-19（b）是 pH = 3.52 阳极 MFCs 两次运行的恒电阻放电曲线，很明显，MFCs 显示着很好的电压产生重复性。

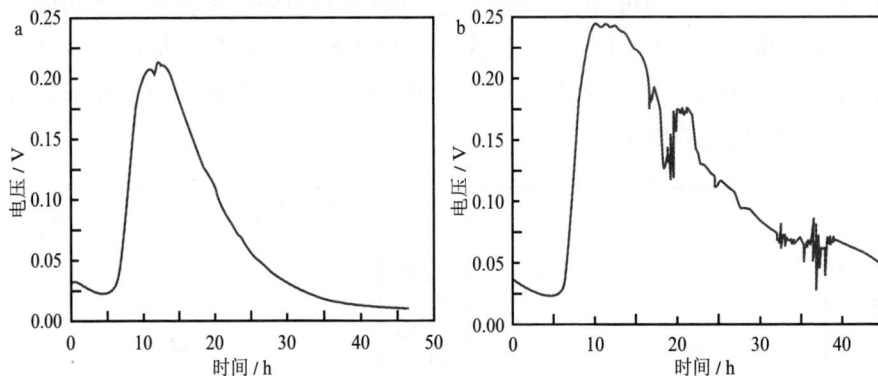

图 4-19 pH=3.52 生物阳极 MFCs 的恒电阻放电曲线

4.4 结　　论

本章中，我们通过简单的一步水热方法在不同的前驱物 pH 下合成了含铁化合物 /rGO 纳米复合材料。表征结果证明了前驱物的 pH 能够影响含铁化合物 /rGO 纳米复合材料的形貌和晶相组成。其中，pH = 3.52 的纳米复合材料显示了非常特殊的形貌，即大量的纳米环和一部分由块状结构堆垛构成的大微球结构负载的 rGO 纳米片。表征结果证明了纳米环的结构框架上主要是 α-Fe$_2$O$_3$，而由块状结构组成的微球的成分主要是白铁矿型 FeS$_2$。pH = 4.56、5.41、7.2、8.78 和 9.45 的纳米复合物主要是 α-Fe$_2$O$_3$ 修饰的 rGO 纳米复合物，而 pH = 10.41 和 11.76 纳米复合物是由 α-Fe$_2$O$_3$、γ-Fe$_2$O$_3$ 和 rGO 组成。将这些纳米复合材料修饰的不锈钢网电极用作 MFCs 的阳极修饰材料，结果显示 MFCs 的输出功率密度都有不同程度的提高。pH = 3.52 阳极 MFCs 的输出功率密度最大，在扫速为 1.0 mV s^{-1} 时，pH = 3.52 阳极 MFCs 获得的最大的功率密度是 1848.55 mW m^{-2}，在扫速为 10.0 mV s^{-1} 时最大功率密度达到 3820.77 mW m^{-2}。原因主要是由于 pH = 3.52 生物阳极和阳极液之间具有高效的界面传质，同时生物阳极和活性细菌之间具有促进的胞外电子转移速率，同时 pH = 3.52 生物阳极 MFCs 显示最小的电池内阻。

　　综上所述，这部分工作在 MFCs 阳极修饰材料的制备上提供了新视角，对于应用于相关领域中含铁化合物形貌和组成的调控以及对于高性能 MFCs 多功能阳极修饰材料的构建起到重要的参考意义。但是这部分工作中，在不同前驱物 pH 条件下制备的各种形貌的复合材料其形成机制仍需要我们做进一步的探究。

第 5 章 MoO₂/MWCNTs 纳米复合物应用于 MFCs 阳极的性能研究

5.1 引　言

阳极修饰材料在 MFCs 的性能中起着非常重要的作用，对于 MFCs 阳极修饰材料多样性的探索也是 MFCs 领域的一个重要的研究方向。碳纳米管（Carbon nanotubes，CNTs）作为一种一维的碳纳米材料，由于其特殊的结构特性导致其具有优异的物理和化学性能。碳纳米管具有优异的电子导电性能、机械性能以及良好的生物相容性，已经被广泛用于 MFCs 的阳极修饰材料中 [97]。Sun 等 [294] 通过层层组装方式在 MFCs 的阳极电极上修饰了三维网络状的碳纳米管，修饰了碳纳米管后的阳极具有大的比表面积，使得这种阳极 MFCs 的界面电子转移阻抗从 1163 Ω 降低到 258 Ω，功率密度提高了 20%。Peng 等 [295] 在玻碳电极上修饰了碳纳米管材料，发现碳纳米管可以促进活性微生物 *Shewanella oneidensis* 与电极之间的胞外电子传递能力，MFCs 的输出电流密度达到 （9.70±0.40）μA cm⁻²，是未经修饰的 MFCs 的 82 倍。Liang 等 [296] 将碳纳米管与细菌 *Geobacter sulfurreducens* 直接混合制成复合生物膜结构并应用于 MFCs 的阳极，结果发现 MFCs 的启动时间和阳极电阻均减小，输出电压升高，MFCs 的产电性能也得到提升。基于碳纳米管水凝胶生物阳极的 MFCs 最大功率密度相比对照组增加了 65%[270]。可见，碳纳米管是 MFCs 非常有潜能的阳极修饰材料，且大量碳纳米管之间能够形成三维网络状构架，整体看能够构成一些大的孔洞，这些也有利于活性微生物的大量附着和栖居。

但是未经功能化的碳纳米管其端帽部分一些羟基等官能团不能暴露出来，表面缺陷少，不容易分散，作为阳极修饰材料其活性面积较小，同时也不利于其催化位点的大面积暴露 [297]。通常通过强氧化剂或强酸腐蚀对碳纳米管进行表面功能化，在纯化碳纳米管的同时还能在其表面引入很多官能团。混酸处理碳纳米管靠浓硫酸的插层和浓硝酸的氧化协同作用，不仅能纯化碳纳米管、去除碳纳米管中含有的杂质物质、产率高，还能在其表面接入大量的羟基、羧基等含氧基团，增加碳纳米管的分散性以及与其他物质的结合力，这有利于金属纳米颗粒或者氧化物颗粒在碳纳米管上的进一步负载[298]。

近年来，含钼类的过渡金属化合物也受到了研究者们的广泛关注。碳化钼（Mo_2C）属于高熔点、高硬度的过渡金属碳化物，同时具有良好的热稳定性、抗腐蚀性以及与贵金属相似的电子结构和催化活性[299]。Mo_2C 已被应用于 MFCs 的阳极材料中。Zou 等[59] 通过静电组装结合高温渗碳法，得到晶粒尺寸小、结晶度好的 Mo_2C 纳米粒子修饰的多孔石墨烯复合材料，极大地促进了大量活性细菌的粘附并形成稳定生物膜，活性细菌在电极周围产生大量黄素等电化学生物分子，导致从细菌细胞到电极的胞外电子转移速率显著增加，该复合物修饰阳极 MFCs 产生 1697 mW m^{-2} 的功率密度输出，分别是石墨烯和裸碳布的 2 倍和 13 倍。

另外，MoO_2 也属于高熔点过渡金属氧化物，同时 Mo 资源丰富成本低廉。MoO_2 的制备方法很多且容易获得。MoO_2 具有很好的电导率和化学稳定性能，结合其优异的电荷传输性，目前 MoO_2 在催化剂、化学传感器、超级电容器、锂离子电池、电致变色显示器及场发射材料等领域均有广泛的应用潜力[300]。在 MoO_2 中其价带的自由电子密度很高，这能够有效提高 Mo 的催化活性，致使 MoO_2 显示出优异的催化性能，已在催化领域广泛应用。由于 MoO_2 的导电率很高，具有很高的载流子传递速率，MoO_2 晶体结构当中的隧道状空隙有助于带电荷粒子以较快的速度嵌入脱出，使其也成为超级电容器领域良好的候选材料[301]。MoO_2 也被应用于 MFCs 的阳极材料中。Zeng 等[302] 通过热还原法结合聚多巴胺原位修饰法制备了聚多巴胺修饰的 Mo_2C/MoO_2 纳米颗粒并用作 MFCs 的阳极修饰材料，MFCs 获得的最大功率密度为（1.64±0.09）W m^{-2}。Li 等[303] 合成了 Co 修饰的 MoO_2 纳米颗粒分散在氮掺杂的碳纳米棒上，该材料用作 MFCs 的阳极修饰材料，在阳极的电荷转移上显示了优异的电催化活性，MFCs 获得了（2.06±0.05）W m^{-2} 的最大功率密度。这归功于 MoO_2 具有优异的生物相容性能够富集电活性细菌，Co 的修饰增加了电催化活性，N 掺杂提高了碳纳米棒的电子导电性。

多壁碳纳米管（Multiwalled carbon nanotube，MWCNTs）具有优异的电子导电性，MoO_2 已被证明具有良好的生物相容性，将 MWCNTs 和

MoO_2 纳米颗粒有效复合，利用二者的协同性能构建 MFCs 的阳极修饰材料，充分发挥其各自优势，也是我们值得思考的课题。基于此，我们采用磷钼酸提供钼源与功能化的多壁 MWCNTs 混合，在管式炉中 900 ℃ 温度下氢氩混合气（10%）气氛中制备得到 MoO_2 负载的 MWCNTs 纳米复合材料（MoO_2/MWCNTs）并将其用于 MFCs 的阳极修饰材料中。电化学 CV 法显示：与未经功能化的 MWCNTs 修饰的碳布电极和裸碳布电极相比，功能化的 MWCNTs 和 MoO_2/MWCNTs 复合材料修饰的碳布电极其电活性面积得到显著提高，这有利于活性细菌的大量附着和稳定生物膜的快速形成，能够间接提高胞外电子转移速率。另外，MoO_2 纳米颗粒优异的电催化活性和良好的生物相容性有助于 MoO_2/MWCNTs 阳极 MFCs 的功率密度得到进一步提高。与裸碳布、MWCNTs、功能化的 MWCNTs 阳极相比，MoO_2/MWCNTs 复合阳极产生了更高的功率密度输出且显示出长期的电压输出稳定性。

5.2　实验部分

5.2.1　MoO_2/MWCNTs 复合材料的制备

MoO_2 负载的 MWCNTs 纳米复合材料（MoO_2/MWCNTs）的制备步骤如下。

首先，采用混酸对 MWCNTs 进行功能化，具体步骤是称取 1.0 g MWCNTs 粉末置于一个 200 mL 的烧杯中，缓慢加入 40 mL 体积比为 1∶3 的浓硝酸和浓硫酸的混合酸。然后用封口膜将烧杯口封住超声 1 小时，放于室温下静置 24 小时，之后抽滤，用超纯水多次洗涤直到其 pH 接近中性，抽滤后置于真空干燥箱 60 ℃ 下充分干燥，备用。

其次，称取 100 mg 功能化后的 MWCNTs 粉末，将其置于 50 mL 浓度为 20 mg mL^{-1} 的磷钼酸水溶液中，磁力搅拌 12 小时后在 10 000 r min^{-1} 的转速下离心，然后用超纯水洗涤三次。置于冷冻干燥箱中原位干燥，备用。

最后，将得到的样品放置于管式炉中，通入氢氩混合气（10%），先排气 30 分钟，然后在 900 ℃ 的温度下还原 3 小时。之后自然降温到室温后，取出，装入 5 mL 的称量瓶中，即得到 MoO₂/MWCNTs 纳米复合材料。

5.2.2　MFCs 的构建

与本书第 3 章中所用方法和程序相同。

将 CC 切割成 1.0 cm×1.0 cm 的小方块，然后将切割好的小方块 CC 依次在 1.0 M 的 KOH 溶液、超纯水、1.0 M 的 HCl 溶液、超纯水中分别浸泡 60 分钟，用超纯水洗涤之后，放入真空干燥箱中在 60 ℃ 的温度下干燥 8 小时，取出，备用。然后将经过预前处理的 CC 用细铜丝连接起来，接口处通过 AB 胶遮盖。制备的 1.0 cm×1.0 cm 的碳布电极作为阳极基底电极。制备的 CC 基底电极如图 5-1 所示。

图 5-1　制备的碳布基底电极的图片

称取 2.0 mg 的 MoO₂/MWCNTs 粉末加入 400 μL 0.1 wt% 的 Nafion-乙醇溶液中超声 1 小时，然后将均匀的悬浊液用移液枪移取缓慢逐滴滴加到 CC 电极（1.0 cm×1.0 cm）的两面（一面 200 μL），然后置于红外灯下晾干。待电极彻底干燥后，用作 MFCs 的阳极。

作为对比，MWCNTs 修饰的 CC 电极和裸 CC 电极（1.0 cm × 1.0 cm）也用作 MFCs 的阳极。

2.0 cm×2.0 cm 的碳纸电极作为 MFCs 的阴极电极，制备方法与本书

第 3 章中制备方法一致。

原始大肠杆菌的接种和培养与本书第 3 章中接种和培养方法一致。利用原始大肠杆菌液体培养液作为 MFCs 的阳极生物催化剂构建 MFCs，外接 1000 Ω 电阻接入外电路，通过 NI6009 电压测试卡测试采集其电压输出。直到三个连续的放电循环过后，从放电后的阳极上接种大肠杆菌到固体培养基上，然后再从固体培养基接种大肠杆菌到液体培养基，用于后序 MFCs 的生物催化剂。其中，接种和培养方法与第 3 章一致。

MFCs 的组装和构建与本书第 4 章中所述一致。

5.2.3　MFCs 的性能测试方法

本章中 MFCs 的性能测试方法与本书第 4 章中所述一致。

5.2.4　电化学测试方法

本章中，所有电化学循环伏安测试和阻抗测试都是在 CHI760e 电化学工作站上进行，测试参数的设置与本书第 4 章中所述一致。

5.3　结果和讨论

5.3.1　MoO$_2$/MWCNTs 复合材料的物理表征

XRD 图可以用来表征材料的物相和结晶度，MWCNTs、功能化后的 MWCNTs 和 MoO$_2$/MWCNTs 材料的 XRD 图如图 5-2 所示。从图中能够看出，三种材料在 $2\theta = 26°$ 处显示很强的衍射峰，这是典型的碳纳米管（002）的衍射峰。功能化后的 MWCNTs 的衍射峰与未经功能化的 MWCNTs 相比，衍射峰稍微宽化，没有其他的衍射峰出现。

MoO₂/MWCNTs 复合材料除了 MWCNTs 的衍射峰外，在 $2\theta = 36.979°$、37.344°、53.293°、53.578°、53.938°、60.251°、66.653° 显示了 MoO₂（标准卡片：JCPDS-73-1807）的特征衍射峰。这说明了 MoO₂/MWCNTs 纳米复合材料的成功制备。

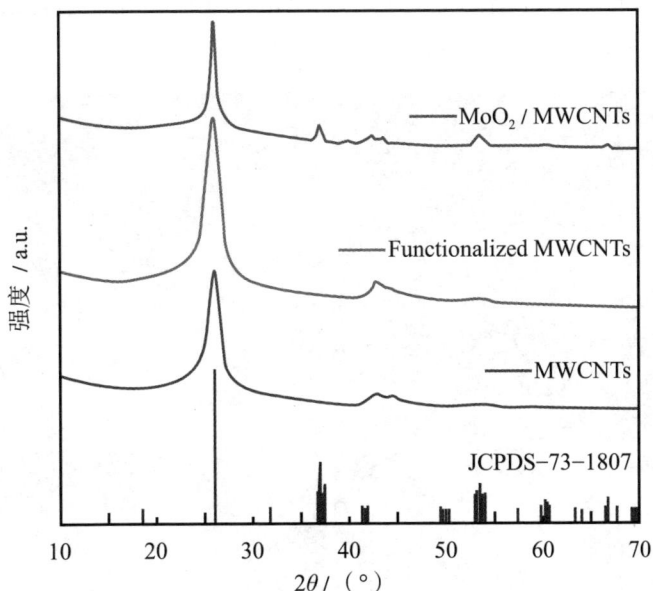

图 5-2　MWCNTs、功能化后的 MWCNTs 和 MoO₂/MWCNTs 的 XRD 图

　　MWCNTs、功能化后的 MWCNTs 和 MoO₂/MWCNTs 纳米复合材料的形貌通过 SEM 图表征。

　　如图 5-3（a）和图 5-3（b）所示是 MWCNTs 分别在放大 50 000 倍和 100 000 倍的 SEM 图，从图中能够看出 MWCNTs 清晰的管状结构。从图 5-3（b）中能看到 MWCNTs 管状结构会形成一个空间的网络状结构。如图 5-3（c）和图 5-3（d）所示是功能化后的 MWCNTs 分别放大 50 000 倍和 100 000 倍的 SEM 图，能够看出 MWCNTs 变得更短，这是因为混酸超声能将 MWCNTs 切割开，使得 MWCNTs 表面上去一些含氧基团。

　　如图 5-4（a）和图 5-4（b）所示 MWCNTs 和功能化后的 MWCNTs 的 SEM-EDS 图也能验证这点。MWCNTs 的能谱显示几乎没有氧的含量，而功能化后的 MWCNTs 能谱显示碳和氧含量的存在，没有钼元素的存在。从图 5-3（d）中能看出功能化后的 MWCNTs 其管壁表面变得稍粗糙，这可能是由于其表面含氧基团的存在使然。如图 5-3（e）和图 5-3（f）所

示是 MoO_2/MWCNTs 纳米复合材料分别在放大 50 000 倍和 100 000 倍的 SEM 图，能看出在 MWCNTs 上负载了很多小颗粒。从图 5-3（f）中还能看到 MWCNTs 的管和管之间形成空间网格状结构，还有一些大的孔洞存在。图 5-4（c）是 MoO_2/MWCNTs 纳米复合材料的 SEM-EDS 图，能够看到复合材料的能谱图上有 C、O、Mo 元素的存在，结合复合材料的 XRD 图，说明这些纳米颗粒是 MoO_2 纳米颗粒。

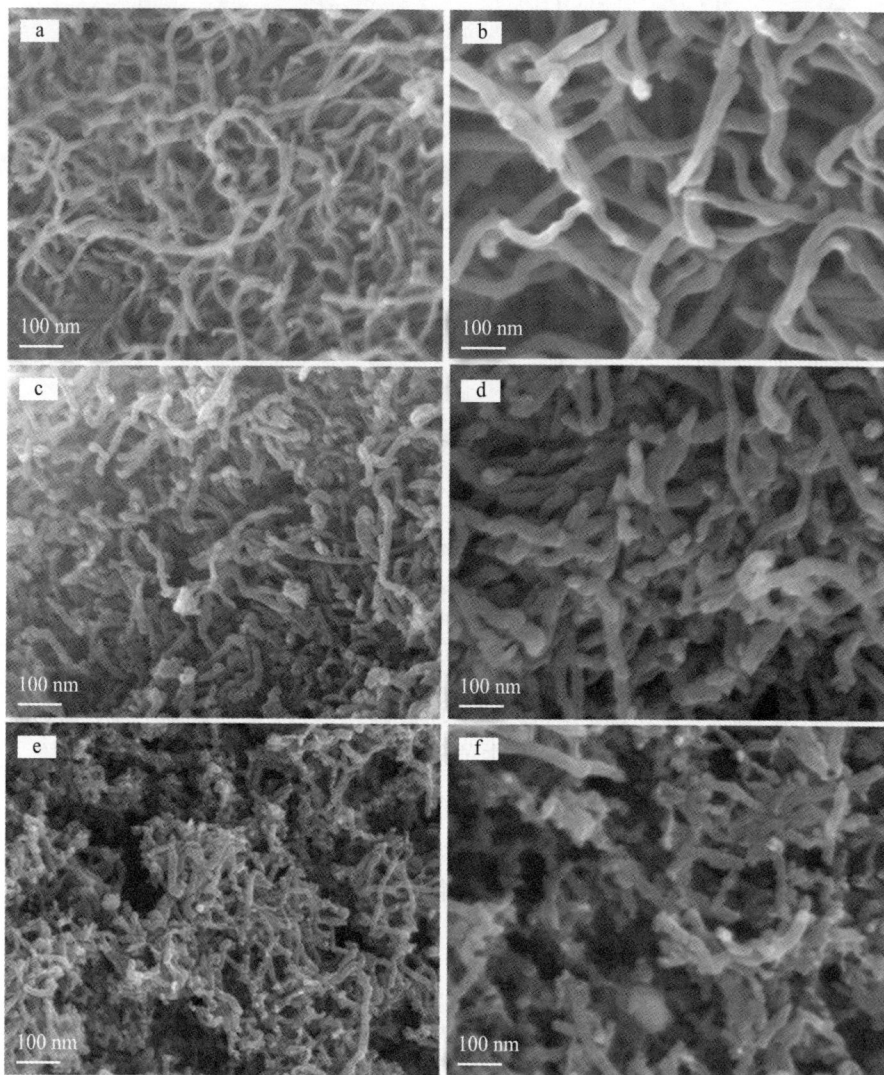

（a）（b）MWCNTs；（c）（d）功能化后的 MWCNTs；
（e）（f）MoO_2/MWCNTs

图 5-3　SEM 图

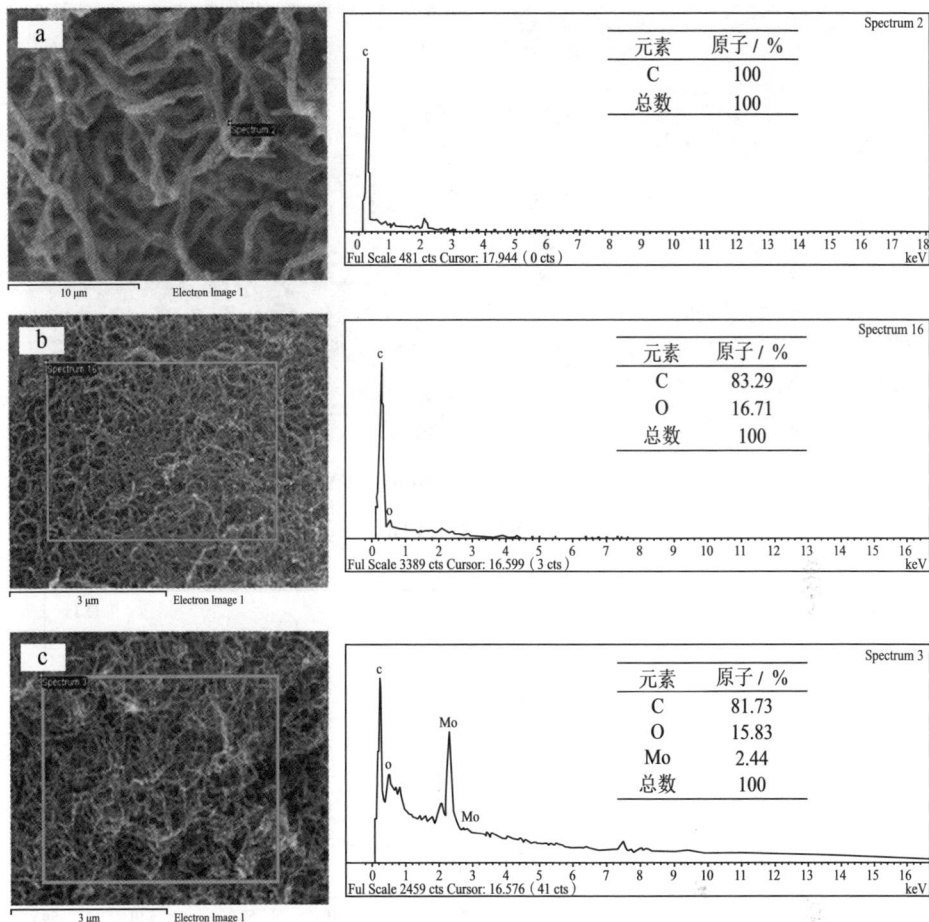

（a）MWCNTs；（b）功能化后的 MWCNTs；（c）MoO₂/MWCNTs

图 5-4　能谱图

功能化后的 MWCNTs 和 MoO$_2$/MWCNTs 纳米复合材料的形貌进一步通过 TEM 表征。如图 5-5（a）和图 5-5（b）所示，从图 5-5（a）中能够看到通过混酸功能化后的 MWCNTs 呈现出清晰的管状结构，管的表面没有颗粒状的物质出现。而图 5-4（b）中 MoO$_2$/MWCNTs 纳米复合材料上有很多 MoO$_2$ 颗粒，颗粒的大小并不均匀，尺寸在 20 ~ 60 nm，且颗粒存在少部分团聚的现象。

图 5-6（a）中显示的是 MWCNTs 和功能化后的 MWCNTs 的 XPS 全谱图。

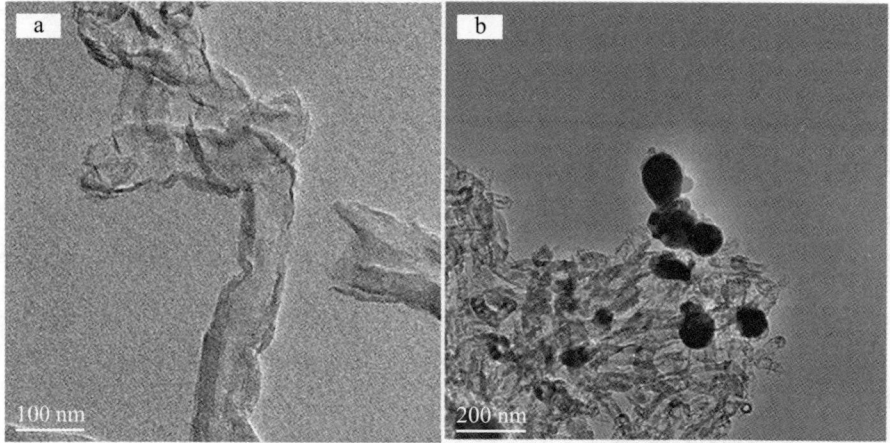

（a）MWCNTs； （b）MoO₂/MWCNTs

图 5-5　TEM 图

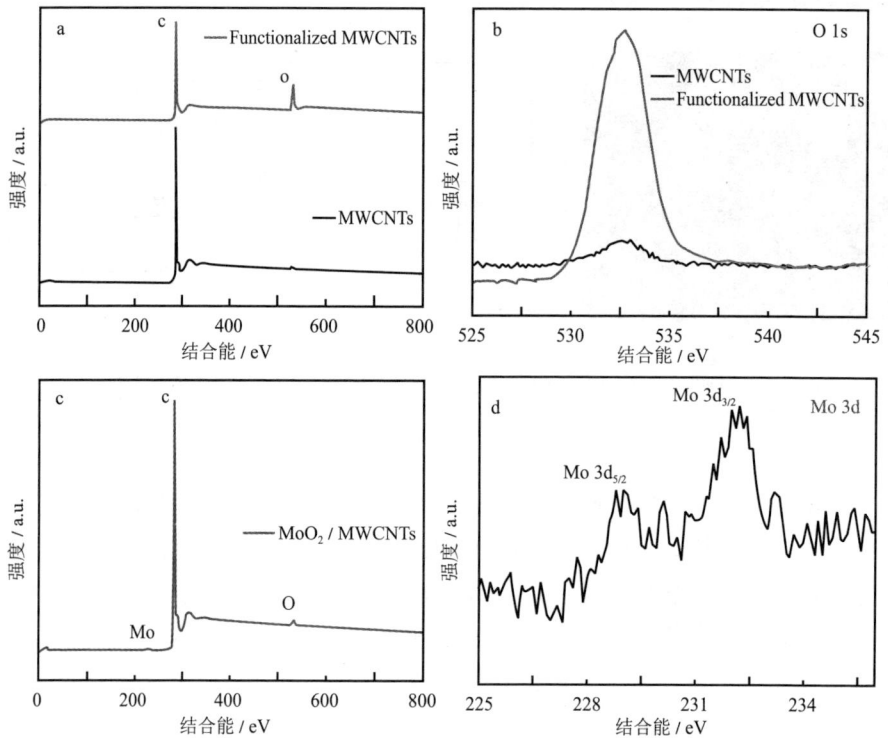

（a）MWCNTs 和功能化后的 MWCNTs 的 XPS 全谱图；（b）MWCNTs 和功能化后
的 MWCNTs 的 O 的 XPS 谱图； （c）MWCNTs 的 XPS 全谱图；
（d）MoO₂/MWCNTs 中 Mo 的 3d 谱图

图 5-6　谱图

从图中能够看出未功能化的 MWCNTs 上显示了 C 元素和微量 O 元素的存在，这可能是 MWCNTs 本身管帽部分少量的含氧官能团或者是来自空气中的氧所致。功能化后的 MWCNTs 也主要显示了 C 元素和 O 元素的存在，可是其 O/C 比值明显高于 MWCNTs。另外，图 5-6（b）中是 MWCNTs 和功能化后的 MWCNTs 的 O 1s 谱图，能够看到功能化后的 MWCNTs 中 O 元素的面积远远大于未经功能化的 MWCNTs。这些都进一步说明了采用混酸处理对于 MWCNTs 的功能化是成功的。图 5-6（c）显示的是 MoO₂/MWCNTs 复合材料的 XPS 全谱图，谱图中显示了复合材料中 C、O、Mo 元素的存在。图 5-6（d）中是 MoO₂/MWCNTs 复合材料中 Mo 元素的 3d 谱图，电子结合能在 229.0 eV 和 232.2 eV 处分别显示的是 Mo 的 3d₅/₂ 和 3d₃/₂ 轨道的存在。这些又一次证明了 MoO₂/MWCNTs 复合材料的成功制备。

5.3.2　电极的电化学表征

MFCs 阳极显示大的电活性面积有利于活性细菌的大量附着，阳极的电活性面积通过电化学双电层电容来估算。MWCNTs 电极、功能化后的 MWCNTs 以及 MoO₂/MWCNTs 电极的电化学双电层电容通过 CV 曲线来评估。

图 5-7（a）～图 5-7（d）显示了分别在 10、20、30、40、50、60、70、80、90、100、110 和 120 mV s⁻¹ 的扫速下，裸 CC 电极、MWCNTs 电极、功能化后的 MWCNTs 以及 MoO₂/MWCNTs 电极在 PBS 溶液中的 CV 响应（−1.2 ～ 0.6 V vs. Ag/AgCl）。四个电极的双电层电容 C_{dl}（单位为 mF）通过第 3 章中公式 3-1 和 3-2 来计算。从图 5-7（e）能够看到裸的 CC 电极、MWCNTs 电极、功能化后的 MWCNTs 以及 MoO₂/MWCNTs 电极的 C_{dl} 分别是 0.666、15.54、46.37、42.91 mF。可见，裸的 CC 电极的 C_{dl} 是非常小的，而功能化后的 MWCNTs 电极和 MoO₂/MWCNTs 电极的 C_{dl} 分别是 MWCNTs 电极的 2.98 倍和 2.76 倍。功能化后的 MWCNTs 和 MoO₂/MWCNTs 电极的 C_{dl} 较大，这说明这两个电极都具有大的电活性面积。大的电活性面积有利于 MFCs 性能的提升，但并不是电活性面积最大的 MFCs 的功率密度最大。MFCs 的功率密度还和阳极的电子导电性、阳极上的活性微生物与阳极之间的胞外电子转移速率等有关。

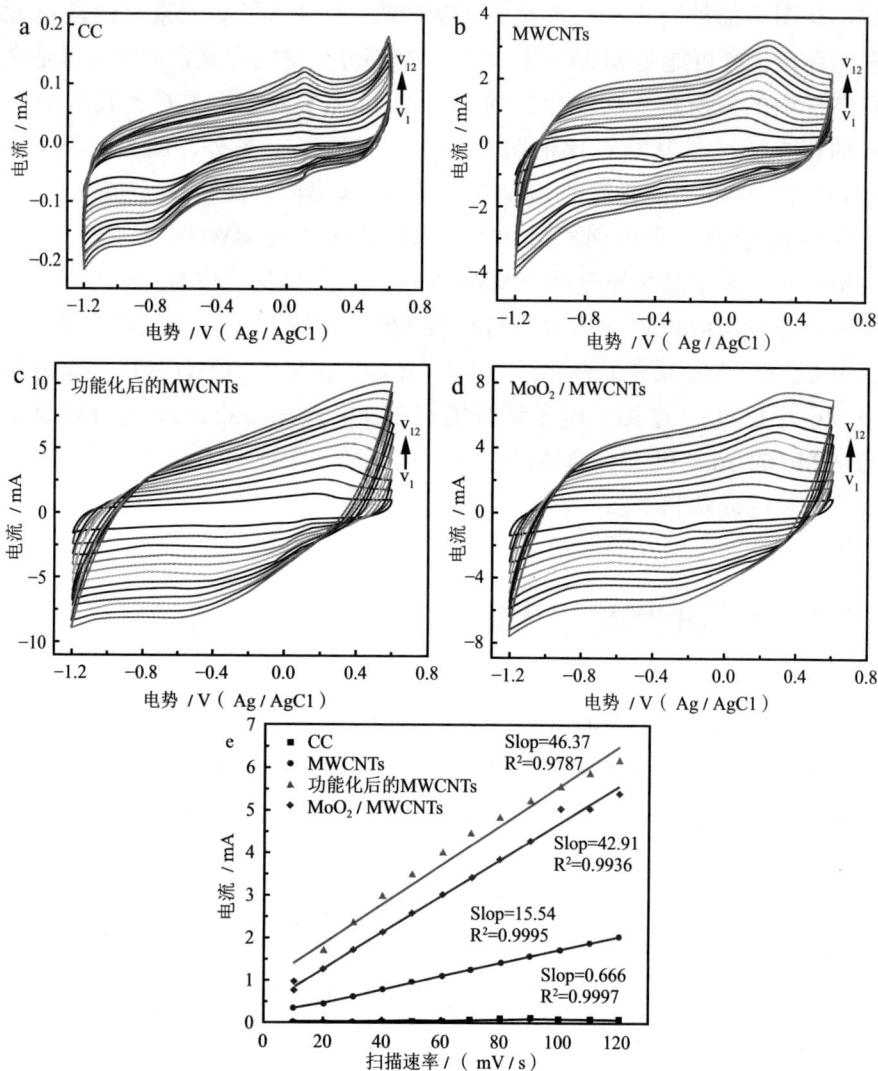

（a）CC 电极在不同扫速下的 CV 曲线；（b）MWCNTs 电极在不同扫速下的 CV 曲线；（c）功能化的 MWCNTs 电极在不同扫速下的 CV 曲线；（d）MoO₂/MWCNTs 电极在不同扫速下的 CV 曲线；（e）平均电容电流对对应扫速的 C_{dl} 估算

图 5-7　PBS 溶液中的 CV 响应（-1.2 ~ 0.6 V vs. Ag/AgCl）
（v_1 ~ v_{12} 分别是 10 ~ 120 mV s^{-1}）

　　功能化后的 MWCNTs 和 MoO₂/MWCNTs 电极都具有大的电活性面积，这说明对于 MoO₂/MWCNTs 纳米复合材料电活性面积的增加主要是来源于 MWCNTs 的功能化，可能是功能化后的 MWCNTs 表面被接上大量的含氧官能团，功能化后 MWCNTs 的表面由于静电作用不易团聚更好分散，更容易暴露出更多的活性基团。另外，阳极材料较大的内部电容能够导致瞬时电荷储存性能的增强，这对 MFCs 性能的提升也非常重要。图 5-7（d）中能看出 MoO$_2$/MWCNTs 电极的 CV 曲线呈矩形形状，这说明 MoO$_2$/MWCNTs 纳米复合材料具有更高的电子导电性[259]。

5.3.3　MFCs 的性能测试

当电压测试卡显示 MFCs 的输出电压达到一个稳定的峰值时，我们采用电化学线性扫描伏安法（LSV）测试 MFCs 的极化曲线，然后换算成功率密度曲线。功率密度曲线和极化曲线用来评估 MFCs 的性能。图 5-8 是在 1.0 mV s^{-1} 的扫速下，CC、MWCNTs、功能化后的 MWCNTs 以及 MoO$_2$/MWCNTs 阳极 MFCs 的功率密度曲线和极化曲线。这四个 MFCs 对应的最大功率密度分别是 1541.36、2300.29、3556.89 和 4185.2 mW m^{-2}。对应的电流密度分别是 3027.06、4851.8、7432.35 和 8466.5 mA m^{-2}。显然，MoO$_2$/MWCNTs 阳极的 MFCs 功率密度和电流密度比 CC、MWCNTs 和功能化后的 MWCNTs 阳极 MFCs 更高。功能化的 MWCNTs 阳极 MFCs 最大功率密度是 MWCNTs 阳极 MFCs 的 1.55 倍，MoO$_2$/MWCNTs 阳极 MFCs 最大功率密度是 MWCNTs 阳极 MFCs 的 1.82 倍。可见，功能化的 MWCNTs 和 MoO$_2$/MWCNTs 材料作为阳极修饰材料都能显著提高 MFCs 的产电性能。

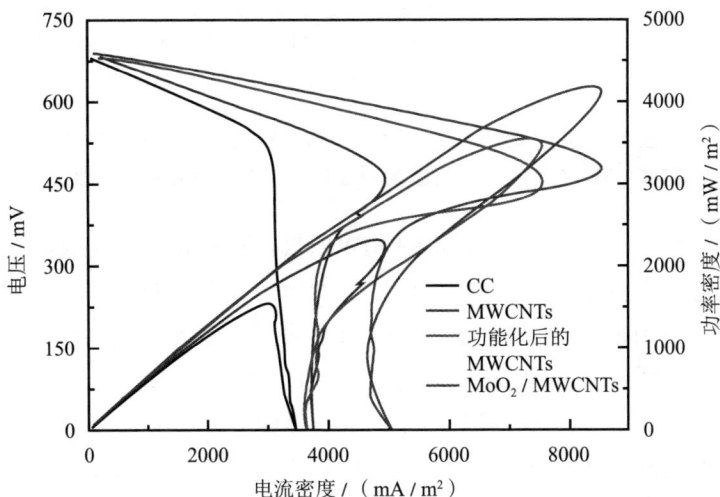

图 5-8　在 1.0 mV s^{-1} 的扫速下，CC、MWCNTs、功能化的 MWCNTs 和 MoO$_2$/MWCNTs 作为阳极 MFCs 的功率密度曲线和极化曲线

另外，MFCs 的最大输出功率密度和扫速也有关，图 5-9 是在 10 mV s^{-1} 的扫速下 MFCs 的极化曲线和功率密度曲线。在 10 mV s^{-1} 的扫速下，裸 CC、MWCNTs、功能化后的 MWCNTs 以及 MoO_2/MWCNTs 作为阳极的 MFCs 最大功率密度分别是 3580.17、5632.94、8190.2 和 10618.7 mW m^{-2}，对应的电流密度分别是 8603.48、14133.75、22932.59 和 28665.74 mA m^{-2}。在 10 mV s^{-1} 的扫速下 MFCs 功率密度输出的顺序与扫速是 1.0 mV s^{-1} 时功率输出顺序一致。另外，我们还发现当提高扫速时，与功能化 MWCNTs 阳极的 MFCs 相比，MoO_2/MWCNTs 阳极 MFCs 的功率密度提高幅度更大。可见，MoO_2/MWCNTs 纳米复合材料作为 MFCs 的阳极修饰材料能够显著增强 MFCs 的产电性能。

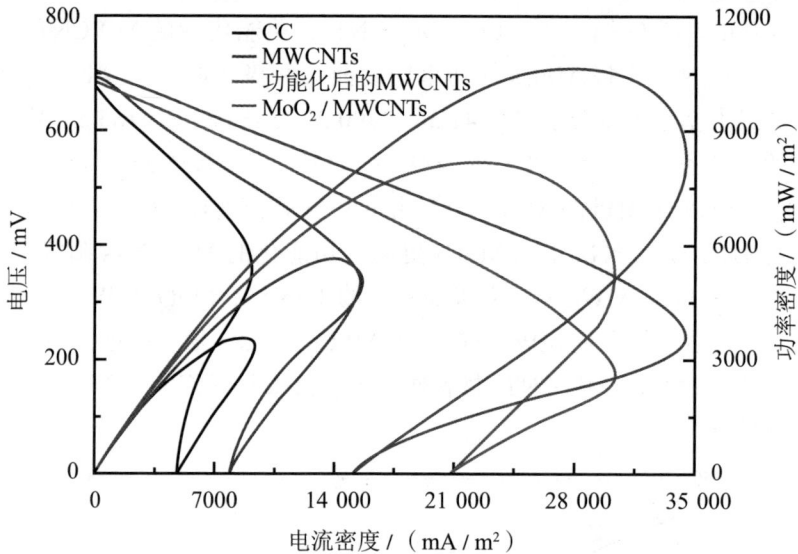

图 5-9　在 10 mV s^{-1} 的扫速下，CC、MWCNTs、功能化的 MWCNTs 和 MoO_2/MWCNTs 作为阳极 MFCs 的功率密度曲线和极化曲线

CC、MWCNTs、功能化的 MWCNTs 和 MoO_2/MWCNTs 生物阳极的电化学阻抗谱 EIS 谱图如图 5-10 所示。阻抗谱图曲线与 X 轴的第一个交点是阳极溶液的阻抗，R_s 值越小表示阳极液与生物阳极之间更快的界面传质，暗示着阳极溶液中更多的燃料被提供给活性大肠杆菌供其代谢使用。从图中可以看出 MoO_2/MWCNTs 生物阳极的 R_s 值最小，表明 MoO_2/MWCNTs 生物阳极与阳极溶液之间较快的界面传质，这也间接证明了 MoO_2/MWCNTs 生物阳极表面有大量的活性大肠杆菌附着，说明 MoO_2 纳米颗粒具有相对更好的生物相容性，这对于 MFCs

性能的提高是非常重要的。EIS 谱图中位于高频处半圆的直径代表的是电荷转移阻抗 R_{ct}。EIS 谱图中裸 CC 阳极的 R_{ct} 最大，预示着 CC 阳极与活性细菌之间较差的胞外电子转移速率和较大的电池内阻。MoO₂/MWCNTs 和功能化后的 MWCNTs 生物阳极显示了相对较小的 R_{ct} 值，更小的 R_{ct} 反映了活性大肠杆菌和阳极材料之间较快的胞外电子转移速率以及 MFCs 较小的电池内阻。MoO₂/MWCNTs 纳米复合材料结合了 MoO₂ 纳米颗粒以及功能化 MWCNTs 两者的协同优势，提高了活性细菌和阳极材料之间的界面胞外电子转移速率，其作为阳极 MFCs 的功率密度最大。

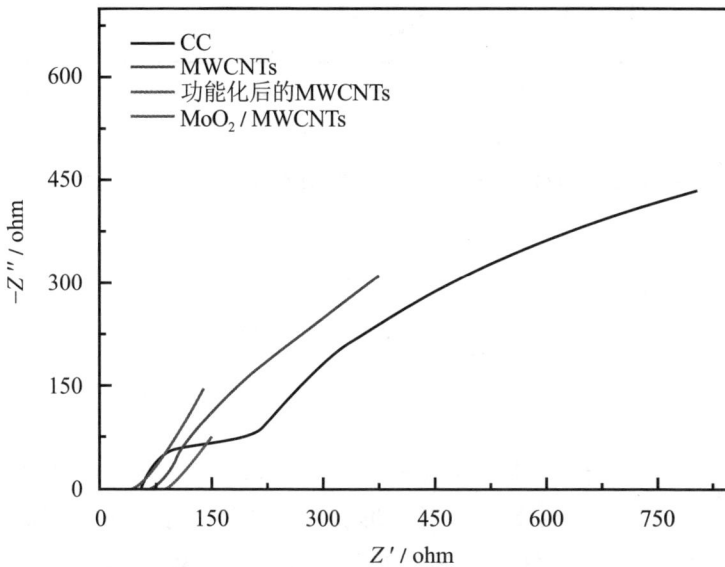

图 5-10　CC、MWCNTs、功能化的 MWCNTs 和 MoO₂/MWCNTs 生物阳极
的 EIS 谱图（频率范围：100 kHz ~ 10 mHz；振幅：5 mV）

另外，图 5-11 显示了 MoO₂/MWCNTs 阳极 MFCs 四个连续的放电循环。从图中能看出 MFCs 在第一个放电循环的电压峰值在 400 mL 左右，到了第二个放电循环电压峰值达到 510 mV 左右，随后第三个放电循环中电压峰值在 450 mV 左右，第四个放电循环中电压峰值在 480 mV 左右。这可能是由于在 MFCs 长期运行过程中，阳极表面的产电菌产生了电化学激活的现象[69]，导致了 MFCs 的放电循环中电压峰值出现升高的现象。这也预示着 MoO₂/MWCNTs 阳极的 MFCs 长期的电压输出稳定性，暗示着这种复合材料作为 MFCs 的阳极修饰材料具有好的产电性能和长期的电压输出稳定性。

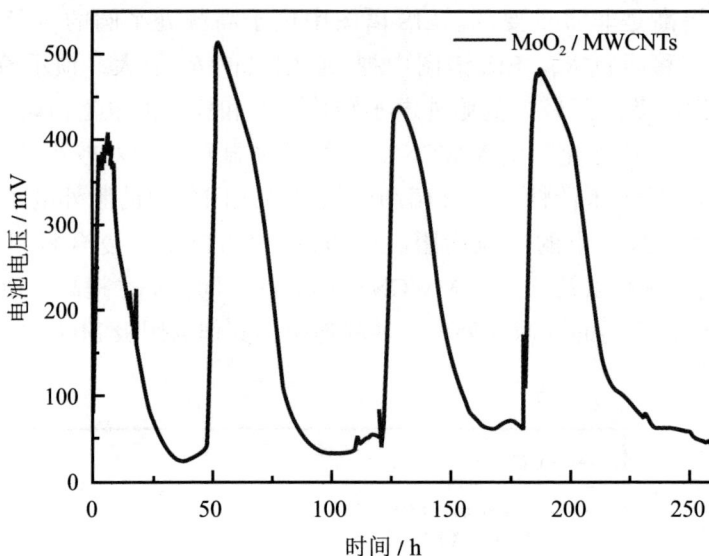

图 5-11 MoO₂/MWCNTs 阳极的 MFCs 四个连续的放电循环

5.4 结　　论

　　本章中，我们成功制备了 MoO$_2$/MWCNTs 复合材料，并通过 SEM、TEM、XRD 以及 XPS 等技术对其形貌和组成进行了表征。将此复合材料用作 MFCs 的阳极修饰材料，结果显示 MoO$_2$/MWCNTs 生物阳极的MFCs 在扫速是 1.0 mV s^{-1} 时，获得最大功率密度为 4185.2 mW m^{-2}，在扫速 10.0 mV s^{-1} 时最大功率密度达到 10 618.7 mW m^{-2}。MoO$_2$/MWCNTs复合材料具有大的电活性面积、良好的生物相容性，这导致了生物阳极与阳极液之间较快的界面传质，同时也促进了阳极材料与活性细菌界面的胞外电子转移速率，MFCs 的功率密度是未经功能化 MWCNTs 阳极MFCs 的 1.82 倍。另外，功能化 MWCNTs 阳极的 MFCs 也具有较高的产电功率密度，在扫速为 1.0 mV s^{-1} 时获得的最大功率密度为 3556.89 mW m^{-2}，在扫速为 10.0 mV s^{-1} 时最大功率密度达到 8190.2 mW m^{-2}。经混酸功能化的 MWCNTs 表面接上大量的含氧基团，这导致功能化 MWCNTs 电极显示较大的电活性面积，有利于活性细菌的大量附着，间接提高了阳极材料与电活性细菌间的胞外电子转移速率。总之，MoO$_2$ 纳米粒子的负载能使 MoO$_2$/MWCNTs 材料修饰的碳布电极作为阳极的 MFCs 产电功率有进一步的提高。MoO$_2$/MWCNTs 复合材料结合 MoO$_2$ 和功能化 MWCNTs 两者的协同优势作用，其作为 MFCs 的阳极产电性能更高。这部分工作对于碳基过渡金属氧化物纳米复合物进一步应用于高性能 MFCs 领域具有一定的借鉴作用。

第 6 章 结论与展望

6.1 结　　论

MFCs作为一种新型绿色能源技术,能够利用微生物作为生物催化剂,具有在处理污水废液中有机污染物的同时产生电能的功效,这是对传统污水处理的重大改革型研究课题。而寻找成本低廉、容易制备并适于规模化使用的阳极修饰材料对于 MFCs 进一步发展和实用化具有非常重要的研究意义。本书采用不同的方法制备了三种碳基纳米复合材料,应用大肠杆菌作为活性产电菌,采用双室型 MFCs 构型探究了三种碳基阳极修饰材料对于 MFCs 性能的影响,主要创新点概括如下:

第一,借助具有良好生物相容性的聚阳离子电解质 PDDA 对 rGO 进行功能化得到 PDDA-rGO 纳米复合材料。制备 PDDA-rGO 纳米复合材料的方法采用的是超声共混法,制备方法简单易行、容易操作、耗时短、产量大,适合批量生产。PDDA 通过 π–π 相互作用非共价吸附在 rGO 薄层纳米片上,通过定向的分子间电荷转移引起界面电荷再分布并创造大量的活性碳位点,代替了破坏 rGO 碳框架。这将有利于 rGO 性能的充分发挥,这是非常值得借鉴的制备方法。另外,聚电解质 PDDA 的引入还能大大增加电极的电化学活性面积和增加阳极对于活性细菌的生物相容性,间接提高了阳极材料和活性细菌之间的胞外电子转移效率。PDDA-rGO 纳米复合材料修饰的碳纸电极作为阳极的 MFCs 其性能得到显著提高。

第二,采用简单的一步水热法,通过调节前驱物 pH 制备了形貌和晶型不同的含铁化合物修饰的 rGO 纳米复合物。这种制备方法易于操作、容易调控,且通过对前驱物 pH 的调节就能实现纳米复合物不同形貌和组成的调控。我们对纳米复合物的形成机理也进行了进一步的探究,这对于各种含铁化合物复合材料的制备提供了一定的借鉴和指导作用。将这些纳米复合材料修饰不锈钢网电极作为 MFCs 的阳极，MFCs 的功率密度得到不同程度的提高。尤其是 pH = 3.52 纳米复合材料显示了新奇少见的纳米环构型，将其作为阳极 MFCs 显示了最大的输出功率密度。复合材料独特的构型和对于 MFCs 功率输出的提高对于 MFCs 阳极修饰材料多样性的探索具有重要意义。

第三，通过在管式炉中采用氢氩混合气还原功能化 MWCNTs 上磷钼酸水合物的方法制备了 MoO_2/MWCNTs 纳米复合物。MoO_2/MWCNTs 纳米复合物修饰的碳布电极被用作 MFCs 的阳极。MoO_2 纳米颗粒的负载和功能化 MWCNTs 的协同优势使复合材料具有较大的电活性面积和良好的生物相容性，这有利于活性细菌的大量附着和胞外电子转移速率的提高。MoO_2/MWCNTs 修饰的碳布阳极 MFCs 产电功率密度得到显著提高的同时表现出长期的电压输出稳定性。这部分工作引入了 MoO_2 纳米颗粒，为 MFCs 阳极多样性新型功能材料的探索和发展起到一定的借鉴作用。

总之，本书基于 rGO 和 MWCNTs 两种碳材料优异的物理化学特性，结合聚阳离子电解质 PDDA、含铁化合物（FeS_2 和 Fe_2O_3）以及 MoO_2 纳米粒子，发展了三种碳基纳米复合材料：PDDA-rGO、含铁化合物 /rGO 和 MoO_2/MWCNTs。这些纳米复合材料的制备方法较为简单，容易操作且成本较低。将这些纳米复合材料用作 MFCs 的阳极修饰材料，MFCs 的输出功率密度得到不同程度的提高，这对高性能多样性 MFCs 阳极修饰材料的探索具有一定的参考价值。但是，目前我们的工作还有一些不足之处，如：对于 PDDA-rGO 纳米复合材料中 PDDA 含量的确定；含铁化合物 /rGO 纳米复合物在不同的前驱物 pH 条件下其各种不同形貌含铁化合物的形成机理尚不清楚；MoO_2/MWCNTs 纳米复合物制备过程中反应温度的进一步优化，这些都需要我们继续研究和探索。

6.2 展　望

MFCs 属于一个多学科的交叉研究领域，正处于快速发展的阶段。目前对于 MFCs 的研究已经取得了很多突破性的研究成果，但是 MFCs 的实际应用离我们还很遥远，对于 MFCs 的研究还面临着很多具有挑战性的关键问题，所以今后对于 MFCs 的研究还需进一步系统化和深入化，可以考虑以下几个方面。

第一，对 MFCs 电子传递机理的更深入研究。MFCs 领域的很多研究者对 MFCs 中电子传递机理做了大量的研究，可是对于这部分还是没有研究得很透彻，而且对于有关生物阴极 MFCs 的电子传递机制还不是很清楚。因此，MFCs 电子传递机理还需要更深入更透彻的研究。同时，我们还可以进一步深入研究阳极材料的产电机制，进而有助于设计合成更为高效的阳极材料。这些都有助于研究者们针对问题解决问题，不浪费不必要的人力物力和财力。

第二，进一步提高 MFCs 的输出功率。MFCs 较低的功率输出始终是限制其实用化的瓶颈所在。尽管研究者们采取了很多措施来提高 MFCs 的产电功率，如制备多功能复合材料用作阳极修饰材料、不断探究阴极氧还原催化剂以及将 MFCs 串联等，可是目前这些还只停留在实验室基础研究阶段，且 MFCs 的输出功率还远远小于预期。因此，对于 MFCs 输出功率的提高还需要进一步从其限制因素入手，寻找更高效廉价的阳极修饰材料和阴极氧还原材料，同时优化 MFCs 的构型并尝试对电池进行放大研究以接近实际应用。

第三，降低 MFCs 的投入成本。MFCs 能够在处理污水废液的同时产生电能，可是其电池本身、质子交换膜的使用、电极修饰材料以及电极的制备等都需要资金的投入，这无形中增加了 MFCs 的成本。因此，探究无膜型 MFCs、发展更为廉价易得的碳基或其他阳极材料、采用更廉价实用的电池材料、寻找更方便快捷的电极制备方法等也是研究者们需要考虑的问题。

第四，有效利用自然界中的生物质资源。人类可以充分利用自然界中的生物质资源作为 MFCs 的燃料，减少成本；还可以利用天然的生物质资源作为 MFCs 的电极修饰材料。因此，这方面的研究需要进一步的开拓和发展。

总之，对于 MFCs 的研究还任重道远，这就需要研究者们不断的探索和创新，相信 MFCs 的实际应用能够早日实现。

参考文献

[1] H. Chen, O. Simoska, K. Lim, et al. Fundamentals, applications, and future directions of bioelectrocatalysis[J]. Chem. Rev., 2020, 120: 12903-12993.

[2] Z. Liu, J. Liu, B. Li, et al. Focusing on the process diagnosis of anaerobic fermentation by a novel sensor system combining microbial fuel cell, gas flow meter and pH meter[J]. Int. J. Hydrogen Energy, 2014, 39: 13658-13664.

[3] M.C. Potter. Electrical effects accompanying the decomposition of organic compounds[J]. Proc. R. Soc. B., 1911, 84: 260-276.

[4] J.B. Davis, H.F. Yarbrough. Preliminary experiments on a microbial fuel cell[J]. Science, 1962, 137: 615-616.

[5] D.H. Park, J.G. Zeikus. Electricity generation in microbial fuel cells using neutral red as an electronophore[J]. Appl. Environ. Microbiol., 2000, 66: 1292-1297.

[6] Y. Qiao, S.J. Bao, C.M. Li. Electrocatalysis in microbial fuel cells-from electrode material to direct electrochemistry[J]. Energy Environ. Sci., 2010, 3: 544-553.

[7] B.H. Kim, H.J. Kim, M.S. Hyun, et al. Direct electrode reaction of Fe (III)-reducing bacterium, shewanella putrefaciens[J]. J. Microbiol. Biotechnol., 1999, 9: 127-131.

[8] S.Y. Yuri A. Gorby, Jeffrey S. McLean, Kevin M. Rosso, et al. Electrically conductive bacterial nanowires produced by shewanella oneidensis strain MR-1 and other microorganisms[J]. PNAS, 2006, 103: 11358-11363.

[9] K. Rabaey, N. Boon, S.D. Siciliano, et al. Biofuel cells select for microbial consortia that self-mediate electron transfer[J]. Appl. Environ.

Microbiol., 2004, 70: 5373-5382.

[10] G.S. Jadhav, M.M. Ghangrekar. Performance of microbial fuel cell subjected to variation in pH, temperature, external load and substrate concentration[J]. Bioresour. Technol., 2009, 100: 717-723.

[11] H. Liu, S. Cheng, B.E. Logan. Production of electricity from acetate or butyrate using a single-chamber microbial fuel cell[J]. Environ. Sci. Technol., 2005, 39: 658-662.

[12] A. Dewan, H. Beyenal, Z. Lewandowski. Scaling up microbial fuel cells[J]. Environ. Sci. Technol., 2008, 42: 7643-7648.

[13] S. Venkata Mohan, G.N. Nikhil, P. Chiranjeevi, et al. Waste biorefinery models towards sustainable circular bioeconomy: critical review and future perspectives[J]. Bioresour. Technol., 2016, 215: 2-12.

[14] B. Xu, Z. Ge, Z. He. Sediment microbial fuel cells for wastewater treatment: challenges and opportunities[J]. Environmental Science: Water Research & Technology, 2015, 1: 279-284.

[15] C.-H. Lay, M.E. Kokko, J.A. Puhakka. Power generation in fed-batch and continuous up-flow microbial fuel cell from synthetic wastewater[J]. Energy, 2015, 91: 235-241.

[16] B. Logan, S. Cheng, V. Watson, et al. Graphite fiber brush anodes for increased power production in air-cathode microbial fuel cells[J]. Environ. Sci. Technol., 2007, 41: 3341-3346.

[17] V. Lanas, Y. Ahn, B.E. Logan. Effects of carbon brush anode size and loading on microbial fuel cell performance in batch and continuous mode[J]. J. Power Sources, 2014, 247: 228-234.

[18] L. Zou, Y. Huang, X. Wu, et al. Synergistically promoting microbial biofilm growth and interfacial bioelectrocatalysis by molybdenum carbide nanoparticles functionalized graphene anode for bioelectricity production[J]. J. Power Sources, 2019, 413: 174-181.

[19] B. Min, S. Cheng, B.E. Logan. Electricity generation using membrane and salt bridge microbial fuel cells[J]. Water Res., 2005, 39: 1675-1686.

[20] B.E. Logan, C. Murano, K. Scott, et al. Electricity generation from cysteine in a microbial fuel cell[J]. Water Res., 2005, 39: 942-952.

[21] H. Liu, B.E. Logan. Electricity generation using an air-cathode single

chamber microbial fuel cell in the presence and absence of a proton exchange membrane[J]. Environ. Sci. Technol., 2004, 38: 4040-4046.

[22] Liu Hong, Ramnarayanan, Ramanathan, et al. Production of electricity during wastewater treatment using a single chamber microbial fuel cell[J]. Environ. Sci. Technol., 2006, 38: 2281.

[23] K. Rabaey, P. Clauwaert, P. Aelterman, et al. Tubular microbial fuel cells for efficient electricity generation[J]. Environ. Sci. Technol., 2005, 39: 8077-8082.

[24] Z. He, S.D. Minteer, L.T. Angenent. Electricity generation from artificial wastewater using an upflow microbial fuel cell[J]. Environ. Sci. Technol., 2005, 39: 5262.

[25] B.E. Logan, B. Hamelers, R. Rozendal, et al. Microbial fuel cells: methodology and technology[J]. Environ. Sci. Technol., 2006, 40: 5181-5192.

[26] K. Rabaey, N. Boon, M. Höfte, et al. Microbial phenazine production enhances electron transfer in biofuel cells[J]. Environ. Sci. Technol., 2005, 39: 3401-3408.

[27] K. Rabaey, W. Ossieur, M. Verhaege, et al. Continuous microbial fuel cells convert carbohydrates to electricity[J]. Water Sci. Technol., 2005, 52: 515.

[28] M. Rosenbaum, U. Schröder, F. Scholz. In situ electrooxidation of photobiological hydrogen in a photobioelectrochemical fuel cell based on rhodobacter sphaeroides[J]. Environ. Sci. Technol., 2005, 39: 6328-6333.

[29] B. Min, B.E. Logan. Continuous electricity generation from domestic wastewater and organic substrates in a flat plate microbial fuel cell[J]. Environ. Sci. Technol., 2004, 38: 5809-5814.

[30] P. Aelterman, K. Rabaey, H.T. Pham, et al. Continuous electricity generation at high voltages and currents using stacked microbial fuel cells[J]. Environ. Sci. Technol., 2006, 40: 3388-3394.

[31] S. Cheng, H. Liu, B.E. Logan. Increased power generation in a continuous flow MFC with advective flow through the porous anode and reduced electrode spacing[J]. Environ. Sci. Technol., 2006, 40:

2426-2432.

[32] B. Logan, S. Cheng, V. Watson, et al. Graphite fiber brush anodes for increased power production in air-cathode microbial fuel cells[J]. Environ. Sci. Technol., 2007, 41: 3341-3346.

[33] G.G. Kumar, S. Hashmi, C. Karthikeyan, et al. Graphene oxide/ carbon nanotube composite hydrogels-versatile materials for microbial fuel cell applications[J]. Macromol. Rapid Commun., 2014, 35: 1861-1865.

[34] H. Muthukumar, S.N. Mohammed, N. Chandrasekaran, et al. Effect of iron doped zinc oxide nanoparticles coating in the anode on current generation in microbial electrochemical cells[J]. Int. J. Hydrogen Energy, 2019, 44: 2407-2416.

[35] A. Mehdinia, E. Ziaei, A. Jabbari. Multi-walled carbon nanotube/ SnO_2 nanocomposite: a novel anode material for microbial fuel cells[J]. Electrochim. Acta, 2014, 130: 512-518.

[36] Y. Mohan, D. Das. Effect of ionic strength, cation exchanger and inoculum age on the performance of microbial fuel cells[J]. Int. J. Hydrogen Energy, 2009, 34: 7542-7546.

[37] T. Catal, K. Li, H. Bermek, et al. Electricity production from twelve monosaccharides using microbial fuel cells[J]. J. Power Sources, 2008, 175: 196-200.

[38] C.W. Marshall, H.D. May. Electrochemical evidence of direct electrode reduction by a thermophilic gram-positive bacterium, thermincola ferriacetica[J]. Energy Environ. Sci., 2009, 2: 699-705.

[39] Z. Du, H. Li, T. Gu. A state of the art review on microbial fuel cells: a promising technology for wastewater treatment and bioenergy[J]. Biotechnol. Adv., 2007, 25: 464-482.

[40] G.C. Gil, I.S. Chang, B.H. Kim, et al. Operational parameters affecting the performannce of a mediator-less microbial fuel cell[J]. Biosens. Bioelectron., 2003, 18: 327-334.

[41] B. Bian, D. Shi, X. Cai, et al. 3D printed porous carbon anode for enhanced power generation in microbial fuel cell[J]. Nano Energy, 2018, 44: 174-180.

[42] Y. Zhang, G. Mo, X. Li, et al. A graphene modified anode to improve

the performance of microbial fuel cells[J]. J. Power Sources, 2011, 196: 5402-5407.

[43] J. Ma, N. Shi, J. Jia. Fe$_3$O$_4$ nanospheres decorated reduced graphene oxide as anode to promote extracellular electron transfer efficiency and power density in microbial fuel cells[J]. Electrochim. Acta, 2020, 362: 137126.

[44] J. Ma, N. Shi, Y. Zhang, et al. Facile preparation of polyelectrolyte-functionalized reduced graphene oxide for significantly improving the performance of microbial fuel cells[J]. J. Power Sources, 2020, 450: 227628.

[45] S.E. Oh, B. Min, B.E. Logan. Cathode Performance as a Factor in Electricity Generation in Microbial Fuel Cells[J]. Environ. Sci. Technol., 2004, 38: 4900.

[46] A. Mehdinia, E. Ziaei, A. Jabbari. Facile microwave-assisted synthesized reduced graphene oxide/tin oxide nanocomposite and using as anode material of microbial fuel cell to improve power generation[J]. Int. J. Hydrogen Energy, 2014, 39: 10724-10730.

[47] B. Min, J.R. Kim, S.E. Oh, et al. Electricity generation from swine wastewater using microbial fuel cells[J]. Water Res., 2005, 39: 4961-4968.

[48] H. Liu, R. Ramnarayanan, B.E. Logan. Production of electricity during wastewater treatment using a single chamber microbial fuel cell[J]. Environ. Sci. Technol., 2004, 38: 2281-2285.

[49] C.J. Ogugbue, E.E. Ebode, S. Leera. Electricity generation from swine wastewater using microbial fuel cell[J]. Journal of Ecological Engineering, 2015, 16: 26-33.

[50] S.E. Oh, B.E. Logan. Hydrogen and electricity production from a food processing wastewater using fermentation and microbial fuel cell technologies[J]. Water Res., 2005, 39: 4673-4682.

[51] A. Dewan, C. Donovan, D. Heo, et al. Evaluating the performance of microbial fuel cells powering electronic devices[J]. J. Power Sources, 2010, 195: 90-96.

[52] M.C. Hatzell, Y. Kim, B.E. Logan. Powering microbial electrolysis cells by capacitor circuits charged using microbial fuel cell[J]. J. Power

Sources, 2013, 229: 198-202.

[53] S. Cheng, B.E. Logan. Sustainable and efficient biohydrogen production via electrohydrogenesis[J]. PNAS, 2007, 104: 18871-18873.

[54] N. Narayanana, V. Mangottiri, K. Narayanan. Waste to energy conversion and sustainable recovery of nutrients from pee power-recent advancements in urine-fed MFCs[J]. Mini-Reviews in Organic Chemistry, 2020, 17: 1-12.

[55] I.S. Chang, H. Moon, J.K. Jang, et al. Improvement of a microbial fuel cell performance as a BOD sensor using respiratory inhibitors[J]. Biosens. Bioelectron., 2005, 20: 1856-1859.

[56] I.S. Chang, J.K. Jang, G.C. Gil, et al. Continuous determination of biochemical oxygen demand using microbial fuel cell type biosensor[J]. Biosens. Bioelectron., 2004, 19: 607-613.

[57] B.H. Kim, H.S. Park, H.J. Kim, et al. Enrichment of microbial community generating electricity using a fuel-cell-type electrochemical cell[J]. Appl. Microbiol. Biotechnol., 2004, 63: 672-681.

[58] B.H. Kim, I.S. Chang, G.C. Gil, et al. Novel BOD (biological oxygen demand) sensor using mediator-less microbial fuel cell[J]. Biotechnol. Lett., 2003, 25: 541-545.

[59] Z. L, Y. H. Huang, X. Wu, et al. Synergistically promoting microbial biofilm growth and interfacial bioelectrocatalysis by molybdenum carbide nanoparticles functionalized graphene anode for bioelectricity production[J]. J. Power Sources, 2019, 413: 174-181.

[60] H.J. Kim, M.S. Hyun, I.S. Chang, et al. A microbial fuel cell type lactate biosensor using a metal-reducing bacterium, shewanella putrefaciens[J]. Journal of Microbiology & Biotechnology, 1999, 9: 365-367.

[61] O. Bretschger, A. Obraztsova, C.A. Sturm, et al. Current production and metal oxide reduction by shewanella oneidensis MR-1 wild type and mutants[J]. Appl. Environ. Microbiol., 2007, 73: 7003-7012.

[62] B.R. Ringeisen, E. Henderson, W.U. PETER K., et al. Correction to high power density from a miniature microbial fuel cell using shewanella oneidensis DSP10[J]. Environ. Sci. Technol., 2006, 40:

2629-2634.

[63] J.C. Biffinger, J. Pietron, O. Bretschger, et al. Influence of acidity on microbial fuel cells containing shewanella oneidensis [J]. Biosens. Bioelectron., 2008, 24: 900-905.

[64] N. Pfennig, H. Biebl. Desulfuromonas acetoxidans gen. nov. and sp. nov., a new anaerobic, sulfur-reducing, acetate-oxidizing bacterium[J]. Arch. Microbiol., 1976, 110: 3-12.

[65] D.R. Bond. Electricity production by Geobacter sulfurreducens attached to electrodes[J]. Appl. Environ. Microbiol., 2003, 69: 1548-1555.

[66] D.R. Lovley, S.J. Giovannoni, D.C. White, et al. Geobacter metallireducens gen. nov. sp. nov., a microorganism capable of coupling the complete oxidation of organic compounds to the reduction of iron and other metals[J]. Arch. Microbiol., 1993, 159: 336-344.

[67] D.E. Cummings, O.L. Snoeyenbos-West, D.T. Newby, et al. Diversity of geobacteraceae species inhabiting metal-polluted freshwater lake sediments ascertained by 16S rDNA analyses[J]. Microb. Ecol., 2003, 46: 257-269.

[68] C. Dumas, R. Basseguy, A. Bergel. Electrochemical activity of geobacter sulfurreducens biofilms on stainless steel anodes[J]. Electrochim. Acta, 2008, 53: 5235-5241.

[69] T. Zhang, C. Cui, S. Chen, et al. A novel mediatorless microbial fuel cell based on direct biocatalysis of escherichia coli[J]. Chem. Commun., 2006, 21: 2257-2259.

[70] W. Habermann, E.H. Pommer. Biological fuel cells with sulphide storage capacity[J]. Appl. Microbiol. Biotechnol., 1991, 35: 128-133.

[71] H.S. Park, B.H. Kim, H.S. Kim, et al. A novel electrochemically active and Fe(III)-reducing bacterium phylogenetically related to Clostridium butyricum isolated from a microbial fuel cell[J]. Anaerobe, 2001, 7: 297-306.

[72] D. E. Holmes, J. S. Nicoll, D. R. Bond, et al. Potential role of a novel psychrotolerant member of the family geobacteraceae, geopsychrobacter electrodiphilus gen. nov., sp. nov., in electricity production by a marine sediment fuel cell[J]. Appl. Environ.

Microbiol., 2004, 70: 6023-6030.

[73] R. Wang, M. Yan, H. Li, et al. FeS$_2$ nanoparticles decorated graphene as microbial-fuel-cell anode achieving high power density[J]. Adv. Mater., 2018, 30: 1800618.

[74] D. Lovley. Bug juice: harvesting electricity with microorganisms[J]. Nature Reviews Microbiology, 2006, 4: 497-508.

[75] Y. Qiao, S.J. Bao, C. Li. Electrocatalysis in microbial fuel cells-from electrode material to direct electrochemistry[J]. Energy and Environmental Science, 2010, 3: 544-553.

[76] K.Rabaey, N.Boon, S.D.Siciliano, W. Biofuel cells select for microbial consortia that self-mediate electron transfer[J]. Appl. Environ. Microbiol., 2004, 70: 5373-5382.

[77] E. Marsili, D.B. Baron, I.D. Shikhare, et al. Shewanella secretes flavins that mediate extracellular electron transfer[J]. PNAS, 2008, 105: 3968-3973.

[78] G. Reguera, K.P. Nevin, J.S. Nicoll, et al. Lovley. Biofilm and nanowire production lead to increased current in microbial fuel cells[J]. J. Appl. Environ. Microbiol., 2006, 72: 7345-7348.

[79] C.R. Myers, J.M. Myers. Cloning and sequence of cymA, a gene encoding a tetraheme cytochrome c required for reduction of iron (III), fumarate, and nitrate by shewanella putrefaciens MR-1[J]. J. Bacteriol., 1977, 179: 1143-1152.

[80] T.E. Meyer, A.I. Tsapin, I. Vandenberghe, et al. Identification of 42 possible cytochrome C genes in the shewanella oneidensis genome and characterization of six soluble cytochromes[J]. Omics A Journal of Integrative Biology, 2004, 8: 57.

[81] B.A. Methe, K.E. Nelson, J.A. Eisen, et al. Genome of geobacter sulfurreducens metal reduction in substrate of bacterial photosynthetic membrane[J]. Science, 2003, 302: 1967-1969.

[82] J.R. Lloyd, C. Leang, A.H. Myerson, et al. Biochemical and genetic characterization of PpcA, a periplasmic c-type cytochrome in geobacter sulfurreducens[J]. Biochem. J, 2003, 369: 153-161.

[83] M.A. Firer-Sherwood, K.D. Bewley, J.Y. Mock, et al. Tools for resolving complexity in the electron transfer networks of multiheme

cytochromesc[J]. Metallomics, 2011, 3: 344-348.

[84] C. Schwalb, S.K. Chapman, G.A. Reid. The membrane-bound tetrahaem c-type cytochrome CymA interacts directly with the soluble fumarate reductase in shewanella[J]. Biochem. Soc. Trans., 2002, 30: 658-662.

[85] S. Marritt, T. Lowe, J. Bye, et al. A functional description of CymA, an electron-transfer hub supporting anaerobic respiratory flexibility in shewanella[J]. Biochem. J, 2012, 444: 465-474.

[86] D.E. Ross, J.M. Flynn, D.B. Baron, et al. Towards electrosynthesis in shewanella: energetics of reversing the mtr pathway for reductive metabolism[J]. PLoS One, 2011, 6: 16649.

[87] H. Richter, K.P. Nevin, H. Jia, et al. Cyclic voltammetry of biofilms of wild type and mutant geobacter sulfurreducens on fuel cell anodes indicates possible roles of OmcB, OmcZ, type IV pili, and protons in extracellular electron transfer[J]. Energy Environ. Sci., 2009, 2: 506-516.

[88] G. Reguera, K.D. Mccarthy, T. Mehta, et al. Extracellular electron transfer via microbial nanowires[J]. Nature, 2005, 435: 1098-1101.

[89] Y. Gorby, S. Yanina, J. Mclean, et al. Electrically conductive bacterial nanowires produced by shewanella oneidensis strain MR-1 and other microorganisms[J]. Proc. Natl. Acad. Sci. U. S. A., 2006, 103: 11358-11363.

[90] J.R. Kim, B. Min, B.E. Logan. Evaluation of procedures to acclimate a microbial fuel cell for electricity production[J]. Appl. Microbiol. Biotechnol., 2005, 68: 23-30.

[91] S. Cheng, B.E. Logan. Ammonia treatment of carbon cloth anodes to enhance power generation of microbial fuel cells[J]. Electrochem. Commun., 2007, 9: 492-496.

[92] L. Chen, Y. Li, J. Yao, et al. Fast expansion of graphite into superior three-dimensional anode for microbial fuel cells[J]. J. Power Sources, 2019, 412: 86-92.

[93] I.H. Park, M. Christy, P. Kim, et al. Enhanced electrical contact of microbes using Fe_3O_4/CNT nanocomposite anode in mediator-less microbial fuel cell[J]. Biosens. Bioelectron., 2014, 58: 75-80.

[94] Z.F. Liu, Q. Liu, Y. Huang, et al. Organic photovoltaic devices based on a novel acceptor material: graphene[J]. Adv. Mater., 2008, 20: 3924-3930.

[95] J. Liu, Y. Qiao, C.X. Guo. Graphene/carbon cloth anode for high-performance mediatorless microbial fuel cells[J]. Bioresour. Technol., 2012, 114: 275-280.

[96] J. Tang, S. Chen, Y. Yuan, et al. In situ formation of graphene layers on graphite surfaces for efficient anodes of microbial fuel cells[J]. Biosens. Bioelectron., 2015, 71: 387-395.

[97] H.Y. Tsai, C.C. Wu, C.Y. Lee, et al. Microbial fuel cell performance of multiwall carbon nanotubes on carbon cloth as electrodes[J]. J. Power Sources, 2009, 194: 199-205.

[98] S. Nambiar, C.A. Togo, J.L. Limson. Application of multi-walled carbon nanotubes to enhance anodic performance of an Enterobacter cloacae-based fuel cell[J]. African Journal of Biotechnology, 2009, 8: 6927-6932.

[99] Y. Yuan, S. Zhou, Y. Liu, et al. Nanostructured macroporous bioanode based on polyaniline-modified natural loofah sponge for high-performance microbial fuel cells[J]. Environ. Sci. Technol., 2013, 47: 14525-14532.

[100] S. Chen, Q. Liu, G. He, et al. Reticulated carbon foam derived from a sponge-like natural product as a high-performance anode in microbial fuel cells[J]. J. Mater. Chem., 2012, 22: 18609.

[101] S. Chen, G. He, Q. Liu, et al. Layered corrugated electrode macrostructures boost microbial bioelectrocatalysis[J]. Energy Environ. Sci., 2012, 5: 9769-9772.

[102] S. Chen, G. He, X. Hu, et al. A three-dimensionally ordered macroporous carbon derived from a natural resource as anode for microbial bioelectrochemical systems[J]. ChemSusChem, 2012, 5: 1059-1063.

[103] C. Zhao, Y. Wang, F. Shi, et al. High biocurrent generation in shewanella-inoculated microbial fuel cells using ionic liquid functionalized graphene nanosheets as an anode[J]. Chem. Commun., 2013, 49: 6668-6670.

[104] R.-B. Song, C.-E. Zhao, P.-P. Gai, et al. Graphene/Fe3O4 nanocomposites as efficient anodes to boost the lifetime and current output of microbial fuel cells[J]. Chemistry – An Asian Journal, 2017, 12: 308-313.

[105] R.-B. Song, C.-E. Zhao, L.-P. Jiang, et al. Bacteria-affinity 3D macroporous graphene/MWCNTs/Fe$_3$O$_4$ foams for high-performance microbial fuel cells[J]. ACS Appl. Mater. Interfaces, 2016, 8: 16170-16177.

[106] Xing, Xie, Liangbing, Hu, Mauro, Pasta, George, F., Wells, Desheng. Three-dimensional carbon nanotube textile anode for high-performance microbial fuel cells[J]. Nano Lett., 2011, 11: 291–296.

[107] C. Zhao, P. Gai, C. Liu, et al. Polyaniline networks grown on graphene nanoribbons-coated carbon paper with a synergistic effect for high-performance microbial fuel cells[J]. J. Mater. Chem. A, 2013, 1: 12587-12594.

[108] Y. Wang, B. Li, L. Zeng, et al. Polyaniline/mesoporous tungsten trioxide composite as anode electrocatalyst for high-performance microbial fuel cells[J]. Biosens. Bioelectron., 2013, 41: 582-588.

[109] Yan Qiao, Shu-Juan, Bao Chang Ming, et al. Nanostructured polyaniline/titanium dioxide composite anode for microbial fuel cells[J]. ACS Nano, 2007, 2: 113-119.

[110] Y. Zou, C. Xiang, L. Yang, et al. A mediatorless microbial fuel cell using polypyrrole coated carbon nanotubes composite as anode material[J]. Int. J. Hydrogen Energy, 2008, 33: 4856-4862.

[111] Wei Wang, Shijie, You Xiaobo, et al. Bioinspired nanosucker array for enhancing bioelectricity generation in microbial fuel cells[J]. Adv. Mater., 2016, 28: 270-275.

[112] Y. Wang, C.E. Zhao, D. Sun, et al. A graphene/poly（3, 4-ethylenedioxythiophene）hybrid as an anode for high-performance microbial fuel cells[J]. Chempluschem, 2013, 78: 823-829.

[113] H. Richter, K. Mccarthy, K.P. Nevin, et al. Electricity generation by geobacter sulfurreducens attached to gold electrodes[J]. Langmuir, 2008, 24: 4376-4379.

[114] M. Sun, F. Zhang, Z.H. Tong, et al. A gold-sputtered carbon paper

as an anode for improved electricity generation from a microbial fuel cell inoculated with shewanella oneidensis MR-1[J]. Biosens. Bioelectron., 2011, 26: 338-343.

[115] C. E Zhao, P. P. Gai, R. B. Song, et al. Graphene/Au composites as an anode modifier for improving electricity generation in shewanella-inoculated microbial fuel cells[J]. Analytical Methods, 2015, 7: 4640-4644.

[116] L. Deng, S.J. Guo, Z.J. Liu, et al. To boost c-type cytochrome wire efficiency of electrogenic bacteria with Fe_3O_4/Au nanocomposites[J]. Chem. Commun., 2010, 46: 7172-7174.

[117] S.E. Oh, B. Min, B.E. Logan. Cathode performance as a factor in electricity generation in microbial fuel cells[J]. Environ. Sci. Technol., 2004, 38: 4900-4904.

[118] Z.D. Liu, H.R. Li. Effects of bio- and abio-factors on electricity production in a mediatorless microbial fuel cell[J]. Biochem. Eng. J., 2007, 36: 209-214.

[119] J.M. Morris, S. Jin, J. Wang, et al. Urynowicz. Lead dioxide as an alternative catalyst to platinum in microbial fuel cells[J]. Electrochem. Commun., 2007, 9: 1730-1734.

[120] L. Zhang, C. Liu, L. Zhuang, et al. Manganese dioxide as an alternative cathodic catalyst to platinum in microbial fuel cells[J]. Biosens. Bioelectron., 2009, 24: 2825-2829.

[121] M. Lu, S. Kharkwal, H.Y. Ng, et al. Carbon nanotube supported MnO catalysts for oxygen reduction reaction and their applications in microbial fuel cells[J]. Biosens. Bioelectron., 2011, 26: 4728-4732.

[122] D., ParkJ., Zeikus. Impact of electrode composition on electricity generation in a single-compartment fuel cell using shewanella putrefaciens[J]. Applied Microbiology&Biotechnology, 2002, 59: 58-61.

[123] F. Zhao, F. Harnisch, U. Schrder, et al. Challenges and constraints of using oxygen cathodes in microbial fuel cells[J]. Environ. Sci. Technol., 2006, 40: 5193-5199.

[124] S. Cheng, H. Liu, B.E. Logan. Power densities using different cathode catalysts (Pt and CoTMPP) and polymer binders (Nafion

and PTFE）in single chamber microbial fuel cells[J]. Environ. Sci. Technol., 2006, 40: 364-369.

[125] Y. Yuan, S. Zhou, L. Zhuang. Polypyrrole/carbon black composite as a novel oxygen reduction catalyst for microbial fuel cells[J]. J. Power Sources, 2010, 195: 3490-3493.

[126] H.Y. A, S.C. B, K.S. A, et al. Microbial fuel cell performance with non-Pt cathode catalysts[J]. J. Power Sources, 2007, 171: 275-281.

[127] E.H. Yu, S. Cheng, B.E. Logan, et al. Electrochemical reduction of oxygen with iron phthalocyanine in neutral media[J]. J. Appl. Electrochem., 2009, 39: 705-711.

[128] R. Jasinski. A new fuel cell cathode catalyst[J]. Nature, 1964, 201: 1212-1213.

[129] Z. He, L.T. Angenent. Application of bacterial biocathodes in microbial fuel cells[J]. Electroanalysis, 2006, 18: 2009-2015.

[130] P. Clauwaert, D.V.D. Ha, N. Boon, et al. Open air biocathode enables effective electricity generation with microbial fuel cells[J]. Environ. Sci. Technol., 2007, 41: 7564-7569.

[131] L. Huang, J.M. Regan, X. Quan. Electron transfer mechanisms, new applications, and performance of biocathode microbial fuel cells[J]. Bioresour. Technol., 2011, 102: 316-323.

[132] K. Rabaey, R.A. Rozendal. Microbial electrosynthesis-revisiting the electrical route for microbial production[J]. Nature Reviews Microbiology, 2010, 8: 706-716.

[133] A.W. Jeremiasse, H.V.M. Hamelers, C.J.N. Buisman. Microbial electrolysis cell with a microbial biocathode[J]. Bioelectrochemistry, 2010, 78: 39-43.

[134] R.A. Rozendal, A.W. Jeremiasse, H.V.M. Hamelers, et al. Hydrogen production with a microbial biocathode[J]. Environ. Sci. Technol., 2008, 42: 629-634.

[135] C.E. Reimers, P. Girguis, H.A. Stecher, et al. Microbial fuel cell energy from an ocean cold seep[J]. Geobiology, 2006, 4: 123-136.

[136] K. Rabaey, S.T. Read, P. Clauwaert, et al. Cathodic oxygen reduction catalyzed by bacteria in microbial fuel cells[J]. Isme Journal, 2008, 2: 519-527.

[137] A. Bergel, D. Féron, A. Mollica. Catalysis of oxygen reduction in PEM fuel cell by seawater biofilm[J]. Electrochem. Commun., 2005, 7: 900-904.

[138] P. Clauwaert, K. Rabaey, P. Aelterman, et al. Biological denitrification in microbial fuel cells[J]. Environ. Sci. Technol., 2007, 41: 3354-3360.

[139] F. Qian, G. Wang, Y. Li. Solar-driven microbial photoelectrochemical cells with a nanowire photocathode[J]. Nano Lett., 2010, 10: 4686-4691.

[140] A. Lu, Y. Li, S. Jin, et al. Microbial fuel cell equipped with a photocatalytic rutile-coated cathode[J]. Energy Fuels, 2010, 24: 1184-1190.

[141] S.J. Yuan, G.P. Sheng, L.I. Wen-Wei, et al. Degradation of organic pollutants in a photoelectrocatalytic system enhanced by a microbial fuel cell[J]. Environ. Sci. Technol., 2010, 44: 5575-5580.

[142] Z. Zhang, R. Dua, L. Zhang, et al. Carbon-layer-protected cuprous oxide nanowire arrays for efficient water reduction[J]. ACS Nano, 2013, 7: 1709-1717.

[143] Meng, Shang, Wenzhong, Wang, Ling, Zhang, Songmei, Sun, Lu, Wang. 3D Bi_2WO_6/TiO_2 hierarchical heterostructure: controllable synthesis and enhanced visible photocatalytic degradation performances[J]. Journal of Physical Chemistry C, 2009, 113: 14727-14731.

[144] N. Chestnoy, T.D. Harris, R. Hull, et al. Luminescence and photophysics of cadmium sulfide semiconductor clusters: the nature of the emitting electronic state[J]. Chemischer Informationsdienst, 1986, 90: 3393-3399.

[145] A. Henglein. Small-particle research: physicochemical properties of extremely small colloidal metal and semiconductor particles[J]. Chem. Rev., 1989, 89: 1861-1873.

[146] K.S. Novoselov, A.K. Geim, S.V. Morozov, et al. Electric field effect in atomically thin carbon films[J]. Science, 2004, 306: 666-669.

[147] C.L. Kane. Erasing electron mass[J]. Nature, 2005, 438: 168-170.

[148] A.K. Geim. Graphene: status and prospects[J]. Science, 2009, 324: 1530-1534.

[149] C. Lee, X. Wei, J.W. Kysar, et al. Measurement of the elastic properties and intrinsic strength of monolayer graphene[J]. Science, 2008, 321: 385-388.

[150] K. Ziegler. Minimal conductivity of graphene: nonuniversal values from the kubo formula[J]. Physical review, 2007, 75: 233407.233401-233407.233404.

[151] R.R. Nair, P.A. Blake, A.N. Grigorenko, et al. Fine structure constant defines visual transparency of graphene[J]. Science, 2008, 320: 1308-1308.

[152] K.S. Kim, Y. Zhao, H. Jang, et al. Large-scale pattern growth of graphene films for stretchable transparent electrodes[J]. Nature, 2009, 457: 706-710.

[153] L. Britnell, R.V. Gorbachev, R. Jalil, et al. Field-effect tunneling transistor based on vertical graphene heterostructures[J]. Science, 2012, 335: 947-950.

[154] C.P. Burgess, B.P. Dolan. Modular symmetry, the semicircle law, and quantum hall bilayers[J]. Physical review. B, 2007, 76: 155310.155311-155310.155312.

[155] H.B. Heersche, P. Jarillo-Herrero, J.B. Oostinga, et al. Bipolar supercurrent in graphene[J]. Nature, 2007, 446: 56-59.

[156] Y. Wang, Y. Huang, Y. Song, et al. Room-temperature ferromagnetism of graphene[J]. Nano Lett., 2009, 9: 220-224.

[157] P. Blake, P.D. Brimicombe, R.R. Nair, et al. Graphene-based liquid crystal device[J]. Nano Lett., 2008, 8: 1704-1708.

[158] P. Hyesung, J.A. Rowehl, K. Ki Kang, et al. Doped graphene electrodes for organic solar cells[J]. Nanotechnology, 2010, 21: 505204.

[159] H.L.A. B, Y.W. B, X.G. A, et al. Three-dimensional graphene/polyaniline composite material for high-performance supercapacitor applications[J]. Materials Science and Engineering: B, 2013, 178: 293-298.

[160] C. Liu, Z. Yu, D. Neff, et al. Graphene-based supercapacitor with

an ultrahigh energy density[J]. Nano Lett., 2010, 10: 4863-4868.

[161] Nai, Gui, Shang, Pagona, Papakonstantinou, Martin, McMullan, Ming, Chu, Artemis. Catalyst-free efficient growth, orientation and biosensing properties of multilayer graphene nanoflake films with sharp edge planes[J]. Adv. Funct. Mater., 2008, 18: 3506-3514.

[162] Y-M, Lin, Dimitrakopoulos, Jenkins, Farmer.100-GHz transistors from wafer-scale epitaxial graphene[J]. Science, 2010, 327: 662-662.

[163] H.A. Becerril, J. Mao, Z. Liu, et al. Evaluation of solution-processed reduced graphene oxide films as transparent conductors[J]. ACS Nano, 2008, 2: 463-470.

[164] Kosynkin, Dmitry, V., Higginbotham, Amanda, L., Sinitskii, Alexander, Lomeda, Jay. Longitudinal unzipping of carbon nanotubes to form graphene nanoribbons[J]. Nature, 2009, 458: 872-876.

[165] S. Park, R.S. Ruoff. Chemical methods for the production of graphenes[J]. Nature Nanotechnology, 2009, 5: 309-309.

[166] G. Nandamuri, S. Roumimov, R. Solanki. Chemical vapor deposition of graphene films[J]. Nanotechnology, 2010, 21: 145604.

[167] Kim, Keun, Soo, Zhao, Yue, Jang, Houk, Lee, Sang, Yoon. Large-scale pattern growth of graphene films for stretchable transparent electrodes[J]. Nature, 2009, 457: 706-710.

[168] A. Ambrosi, A. Bonanni, Z. Sofer, et al. Large-scale quantification of CVD graphene surface coverage[J]. Nanoscale, 2013, 5: 2379-2387.

[169] P. Serp, P. Kalck, R. Feurer. Chemical vapor deposition methods for the controlled preparation of supported catalytic materials[J]. Chem. Rev., 2002, 102: 3085-3128.

[170] M. Zhou, Y.L. Wang, Y.M. Zhai, et al. Controlled synthesis of large-area and patterned electrochemically reduced graphene oxide films[J]. J. Mol. Struct., 2009, 15: 6116-6120.

[171] K. Balasubramanian, M. Friedrich, C. Jiang, et al. Electrical transport and confocal raman studies of electrochemically modified

individual carbon nanotubes[J]. Adv. Mater., 2003, 15: 1515-1518.

[172] P.W. Sutter, J.I. Flege, E.A. Sutter. Epitaxial graphene on ruthenium[J]. Nat. Mater., 2008, 7: 406-411.

[173] Y. Pan, H.G. Zhang, D.X. Shi, et al. Highly ordered, millimeter-scale, continuous, single crystalline graphene monolayer formed on Ru（0001）[J]. Adv. Mater., 2009, 21: 2777-2780.

[174] Y. Hernandez, V. Nicolosi, M. Lotya, et al. High-yield production of graphene by liquid-phase exfoliation of graphite[J]. Nature Nanotechnology, 2008, 3: 563-568.

[175] M. Choucair, P. Thordarson, J.A. Stride. Gram-scale production of graphene based on solvothermal synthesis and sonication[J]. Nature Nanotechnology, 2009, 4: 30-33.

[176] J.M. Shen, Y.T. Feng. Formation of flower-Like carbon nanosheet aggregations and their electrochemical application[J]. Journal of Physical Chemistry C, 2008, 112: 13114-13120.

[177] X. Yang, X. Dou, A. Rouhanipour, et al. Two-dimensional graphene nanoribbons[J]. J. Am. Chem. Soc., 2008, 130: 4216-4217.

[178] K.S. Subrahmanyam, S.R.C. Vivekchand, A. Govindaraj, et al. A study of graphenes prepared by different methods: characterization, properties and solubilization[J]. J. Mater. Chem., 2008, 18: 1517-1523.

[179] T. Enoki, Y. Hishiyama, Y. Kaburagi, et al. Structure and electronic properties of graphite nanoparticles[J]. Phys. Rev. B, 1998, 58: 16387-16395.

[180] Z. Fan, J. Yan, L. Zhi, et al. A three-dimensional carbon nanotube/graphene sandwich and its application as electrode in supercapacitors[J]. Adv. Mater., 2010, 22: 3723-3728.

[181] Q. Su, Y.Y. Liang, X.L. Feng, et al. Towards free-standing graphene/carbon nanotube composite films via acetylene-assisted thermolysis of organocobalt functionalized graphene sheets[J]. Chem. Commun., 2010, 46: 8279-8281.

[182] L. Qiu, X. Yang, X. Gou, et al. Dispersing carbon nanotubes with graphene oxide in water and synergistic effects between graphene derivatives[J]. Chemistry, 2010, 16: 10653-10658.

[183] J. Li, C.Y. Liu, Y. Liu. Au/graphene hydrogel: synthesis, characterization and its use for catalytic reduction of 4-nitrophenol[J]. J. Mater. Chem., 2012, 22: 8426-8430.

[184] O.U. Aktuerk, M. Tomak. AunPtn clusters adsorbed on graphene studied by first-principles calculations[J]. Phys. Rev. B, 2009, 80: 085417.085411-085417.085416.

[185] G. Giovannetti, P. Khomyakov, G. Brocks, et al. Doping graphene with metal contacts[J]. Phys. Rev. Lett., 2008, 101: 026803.

[186] S. Zhang, Y. Shao, H.G. Liao, et al. Graphene decorated with PtAu alloy nanoparticles: facile synthesis and promising application for formic acid oxidation[J]. Chem. Mater., 2011, 23: 1079-1081.

[187] S.K. Behera. Enhanced rate performance and cyclic stability of Fe_3O_4–graphene nanocomposites for Li ion battery anodes[J]. Chem. Commun., 2011, 47: 10371-10373.

[188] L. Mao, K. Zhang, H.S.O. Chan, et al. Nanostructured MnO_2/graphene composites for supercapacitor electrodes: the effect of morphology, crystallinity and composition[J]. J. Mater. Chem., 2012, 22: 1845-1851.

[189] Y.H. Zhang, Z.R. Tang, X.Z. Fu, et al. TiO_2–graphene nanocomposites for gas-phase photocatalytic degradation of volatile aromatic pollutant: Is TiO_2–graphene truly different from other TiO_2–carbon composite materials?[J]. ACS Nano, 2010, 4: 7303-7314.

[190] Y. Liang, Y. Li, H. Wang, et al. Co_3O_4 nanocrystals on graphene as a synergistic catalyst for oxygen reduction reaction[J]. Nat. Mater., 2011, 10: 780-786.

[191] D.W. Wang, F. Li, J. Zhao, et al. Fabrication of graphene/polyaniline composite paper via in situ anodic electropolymerization for high-performance flexible electrode[J]. ACS Nano, 2009, 3: 1745-1752.

[192] P.A. Mini, A. Balakrishnan, S.V. Nair, et al. Highly super capacitive electrodes made of graphene/poly（pyrrole）[J]. Chem. Commun., 2011, 47: 5753-5755.

[193] S. Zhang, P. Xiong, X. Yang, et al. Novel PEG functionalized graphene nanosheets: enhancement of dispersibility and thermal

stability[J]. Nanoscale, 2011, 3: 2169-2174.

[194] Zhang Kai, Zhang Li Li, Z.X. S., et al. Graphene/polyaniline nanofiber composites as supercapacitor electrodes[J]. American Chemical Society, 2010, 22: 1392-1401.

[195] L. Zhang, Z. Wang, C. Xu, et al. High strength graphene oxide/ polyvinyl alcohol composite hydrogels[J]. J. Mater. Chem., 2011, 21: 10399-10406.

[196] Y. Sun, Q. Wu, G. Shi. Graphene based new energy materials[J]. Energy Environ. Sci., 2011, 4: 1113-1132.

[197] C. Venkateswara Rao, C.R. Cabrera, Y. Ishikawa. Graphene-supported Pt–Au alloy nanoparticles: a highly efficient anode for direct formic acid fuel cells[J]. J. Phys. Chem. C, 2011, 115: 21963-21970.

[198] B. Seger, P.V. Kamat. Role of 2-D carbon support in PEM fuel cells. electrocatalytic properties of graphene-Pt composites[J]. Am. J. Clin. Hypn., 2009, 12: 261-267.

[199] Y.C. Yong, X.C. Dong, M.B. Chan-Park, et al. Macroporous and monolithic anode based on polyaniline hybridized three-dimensional graphene for high-performance microbial fuel cells.[J]. ACS Nano, 2012, 6: 2394-2400.

[200] E.J. Yoo, J. Kim, E. Hosono, et al. Large reversible Li storage of graphene nanosheet families for use in rechargeable lithium ion batteries[J]. Nano Lett., 2008, 8: 2277-2282.

[201] L. Wang, H. Wang, Z. Liu, et al. A facile method of preparing mixed conducting $LiFePO_4$/graphene composites for lithium-ion batteries[J]. Solid State Ionics, 2010, 181: 1685-1689.

[202] S.R.C. Vivekchand, C.S. Rout, K.S. Subrahmanyam, et al. Graphene-based electrochemical supercapacitors[J]. Journal of Chemical Sciences, 2008, 120: 9-13.

[203] C. Shan, H. Yang, J. Song, et al. Direct electrochemistry of glucose oxidase and biosensing for glucose based on graphene[J]. Anal. Chem., 2009, 81: 2378-2382.

[204] C. Zhang, Y. Yuan, S. Zhang, et al. Biosensing platform based on fluorescence resonance energy transfer from upconverting nanocrystals

to graphene oxide[J]. Angew. Chem. Int. Ed., 2011, 50: 6851-6854.

[205] C. Haixin, T. Longhua, W. Ying, et al. Graphene fluorescence resonance energy transfer aptasensor for the thrombin detection[J]. Anal. Chem., 2010, 82: 2341-2346.

[206] H. Yin, H. Tang, D. Wang, et al. Facile synthesis of surfactant-free Au cluster/graphene hybrids for high-performance oxygen reduction reaction[J]. ACS Nano, 2012, 6: 8288-8297.

[207] Yanhui, Zhang Zi-Rong, Tang Xianzhi, Fu, Yi-Jun, Xu. TiO_2- graphene nanocomposites for gas-phase photocatalytic degradation of volatile aromatic pollutant: is TiO_2-graphene truly different from other TiO_2-carbon composite materials?[J]. ACS Nano, 2010, 4: 7303-7314.

[208] L. Qu, Y. Liu, J.B. Baek, et al. Nitrogen-doped graphene as efficient metal-free electrocatalyst for oxygen reduction in fuel cells[J]. ACS Nano, 2010, 4: 1321-1326.

[209] Y. Xin, J.G. Liu, Y. Zhou, et al. Preparation and characterization of Pt supported on graphene with enhanced electrocatalytic activity in fuel cell[J]. J. Power Sources, 2011, 196: 1012-1018.

[210] Iijima, Sumio. Helical microtubules of graphitic carbon[J]. Nature, 1991, 354: 56-58.

[211] C.H. Kiang, R. Beyers, D.S. Bethune, et al. Carbon nanotubes with single-layer walls[J]. Carbon, 1995, 33: 903-914.

[212] P.M. Ajayan, T.W. Ebbesen. Nanometre-size tubes of carbon[J]. Rep. Prog. Phys., 1997, 60: 1025-1062.

[213] Y. Ye, C.C. Ahn, C. Witham, et al. Hydrogen adsorption and cohesive energy of single-walled carbon nanotubes[J]. Appl. Phys. Lett., 1999, 74: 2307-2309.

[214] D.L. Carroll, P. Redlich, X. Blase, et al. Effects of nanodomain formation on the electronic structure of doped carbon nanotubes[J]. Phys. Rev. Lett., 1998, 81: 2332-2335.

[215] A.M. Rao, P.C. Eklund, S. Bandow, et al. Evidence for charge transfer in doped carbon nanotube bundles from Raman scattering[J]. Nature, 1997, 388: 257-259.

[216] R.S. Lee, H.J. Kim, J.E. Fischer, et al. Conductivity enhancement

in single-walled carbon nanotube bundles doped with K and Br[J]. Nature, 1997, 388: 255-257.

[217] C. Bower, R. Rosen, L. Jin, et al. Deformation of carbon nanotubes in nanotube-polymer composites[J]. Appl. Phys. Lett., 1999, 74: 3317-3319.

[218] Wong, W. E. Nanobeam mechanics: elasticity, strength, and toughness of nanorods and nanotubes[J]. Science, 1997, 277: 1971–1975.

[219] M. Buongiorno Nardelli, B.I. Yakobson, J. Bernholc. Mechanism of strain release in carbon nanotubes[J]. Phys. Rev. B, 1998, 57: 4277-4280.

[220] C.F. Cornwell, L.T. Wille. Elastic properties of single-walled carbon nanotubes in compression[J]. Solid State Commun., 1997, 101: 555-558.

[221] C.F. Cornwell, L.T. Wille. Critical strain and catalytic growth of single-walled carbon nanotubes[J]. J. Chem. Phys., 1998, 109: 763-767.

[222] J. Wei, H. Zhu, D. Wu, et al. Carbon nanotube filaments in household light bulbs[J]. Appl. Phys. Lett., 2004, 84: 4869-4871.

[223] Y. Zhang, T. Gong, W. Liu, et al. Strong visible light emission from well-aligned multiwalled carbon nanotube films under infrared laser irradiation[J]. Appl. Phys. Lett., 2005, 87: 173114.

[224] S. Berber, Y.K. Kwon, D. Tománek. Unusually high thermal conductivity of carbon nanotubes[J]. Phys. Rev. Lett., 2000, 84: 4613-4616.

[225] C. Liu, H.T. Cong, F. Li, et al. Semi-continuous synthesis of single-walled carbon nanotubes by a hydrogen arc discharge method[J]. Carbon, 1999, 37: 1865-1868.

[226] R.E. Smalley. Crystalline ropes of metallic carbon nanotubes[J]. Science, 1998, : 31-40.

[227] P. Nikolaev, M.J. Bronikowski, R.K. Bradley, et al. Gas-phase catalytic growth of single-walled carbon nanotubes from carbon monoxide[J]. Chem. Phys. Lett., 1999, 313: 91-97.

[228] J.M. Planeix, N. Coustel, B. Coq, et al. Application of carbon

nanotubes as supports in heterogeneous catalysis[J]. J. Am. Chem. Soc., 1994, 116: 7935-7936.

[229] J. Kong, N.R. Franklin, C. Zhou, et al. Nanotube molecular wires as chemical sensors[J]. Science, 2000, 287: 622-625.

[230] C. Niu, E.K. Sichel, R. Hoch, et al. High power electrochemical capacitors based on carbon nanotube electrodes[J]. Appl. Phys. Lett., 1997, 70: 1480-1482.

[231] W. Wang, S. You, X. Gong, et al. Bioinspired nanosucker array for enhancing bioelectricity generation in microbial fuel cells[J]. Adv. Mater., 2016, 28: 270-275.

[232] M. Baca, S. Singh, M. Gebinoga, et al. Microbial electrochemical systems with future perspectives using advanced nanomaterials and microfluidics[J]. Adv. Energy Mater., 2016, 6: 1600690.

[233] J. Sun, Y. Hu, Z. Bi, et al. Improved performance of air-cathode single-chamber microbial fuel cell for wastewater treatment using microfiltration membranes and multiple sludge inoculation[J]. J. Power Sources, 2009, 187: 471-479.

[234] L. Zou, Y. Qiao, Z.-Y. Wu, et al. Tailoring unique mesopores of hierarchically porous structures for fast direct electrochemistry in microbial fuel cells[J]. Adv. Energy Mater., 2016, 6: 1501535.

[235] H. Wang, F. Qian, Y. Li. Solar-assisted microbial fuel cells for bioelectricity and chemical fuel generation[J]. Nano Energy, 2014, 8: 264-273.

[236] Y. Han, C. Yu, H. Liu. A microbial fuel cell as power supply for implantable medical devices[J]. Biosens. Bioelectron., 2010, 25: 2156-2160.

[237] C. Santoro, C. Arbizzani, B. Erable, et al. Microbial fuel cells: from fundamentals to applications. a review[J]. J. Power Sources, 2017, 356: 225-244.

[238] J. Niessen, U. Schröder, M. Rosenbaum, et al. Fluorinated polyanilines as superior materials for electrocatalytic anodes in bacterial fuel cells[J]. Electrochem. Commun., 2004, 6: 571-575.

[239] T.H. Nguyen, Y.Y. Yu, X. Wang, et al. A3D mesoporous polysulfone–carbon nanotube anode for enhanced bioelectricity output

in microbial fuel cells[J]. Chem. Commun., 2013, 49: 10754-10756.

[240] C. Santoro, F. Soavi, A. Serov, et al. Self-powered supercapacitive microbial fuel cell: the ultimate way of boosting and harvesting power[J]. Biosens. Bioelectron., 2016, 78: 229-235.

[241] S. Niyogi, E. Bekyarova, M.E. Itkis, et al. Solution properties of graphite and graphene[J]. J. Am. Chem. Soc., 2006, 128: 7720-7721.

[242] H.-F. Cui, W.-W. Wu, M.-M. Li, et al. A highly stable acetylcholinesterase biosensor based on chitosan-TiO_2-graphene nanocomposites for detection of organophosphate pesticides[J]. Biosens. Bioelectron., 2018, 99: 223-229.

[243] C.-T. Hsieh, C.-Y. Lin, J.-Y. Lin. High reversibility of Li intercalation and de-intercalation in MnO-attached graphene anodes for Li-ion batteries[J]. Electrochim. Acta, 2011, 56: 8861-8867.

[244] L. Kavan, J.H. Yum, M. Grätzel. Optically transparent cathode for dye-sensitized solar cells based on graphene nanoplatelets[J]. ACS Nano, 2011, 5: 165-172.

[245] A.T. Lawal. Progress in utilisation of graphene for electrochemical biosensors[J]. Biosens. Bioelectron., 2018, 106: 149-178.

[246] Y.-Y. Lee, K.-H. Tu, C.-C. Yu, et al. Top laminated graphene electrode in a semitransparent polymer solar cell by simultaneous thermal annealing/releasing method[J]. ACS Nano, 2011, 5: 6564-6570.

[247] Y. Li, C. Zhong, J. Liu, et al. Atomically thin mesoporous Co_3O_4 layers strongly coupled with N-rGO nanosheets as high-performance bifunctional catalysts for 1D knittable Zinc–air batteries[J]. Adv. Mater., 2018, 30: 1703657.

[248] Y.J. Mai, X.L. Wang, J.Y. Xiang, et al. CuO/graphene composite as anode materials for lithium-ion batteries[J]. Electrochim. Acta, 2011, 56: 2306-2311.

[249] J.S. Shayeh, H. Salari, A. Daliri, et al. Decorative reduced graphene oxide/C3N4/Ag2O/conductive polymer as a high performance material for electrochemical capacitors[J]. Appl. Surf. Sci., 2018, 447: 374-380.

[250] S.K. Singh, V.M. Dhavale, S. Kurungot. Surface-tuned Co_3O_4 nanoparticles dispersed on nitrogen-doped graphene as an efficient cathode electrocatalyst for mechanical rechargeable Zinc–air battery application[J]. ACS Appl. Mater. Interfaces, 2015, 7: 21138-21149.

[251] J. Yan, T. Wei, W. Qiao, et al. Rapid microwave-assisted synthesis of graphene nanosheet/Co_3O_4 composite for supercapacitors[J]. Electrochim. Acta, 2010, 55: 6973-6978.

[252] H. Li, K. Sheng, Z. Xie, et al. Highly sensitive determination of hyperin on poly（diallyldimethylammonium chloride）-functionalized graphene modified electrode[J]. J. Electroanal. Chem., 2016, 776: 105-113.

[253] Z. Liu, M. Jin, J. Cao, et al. Electrochemical sensor integrated microfluidic device for sensitive and simultaneous quantification of dopamine and 5-hydroxytryptamine[J]. Sensors Actuators B: Chem., 2018, 273: 873-883.

[254] B. Luo, X. Yan, S. Xu, et al. Polyelectrolyte functionali-zation of graphene nanosheets as support for platinum nanoparticles and their applications to methanol oxidation[J]. Electrochim. Acta, 2012, 59: 429-434.

[255] S. Wang, D. Yu, L. Dai, et al. Polyelec-trolyte-functionalized graphene as metal-free electrocatalysts for oxygen reduction[J]. ACS Nano, 2011, 5: 6202-6209.

[256] R. Zacharia, H. Ulbricht, T. Hertel. Interlayer cohesive energy of graphite from thermal desorption of polyaromatic hydrocarbons[J]. Phys. Rev. B, 2004, 69: 155406.

[257] S. Wang, D. Yu, L. Dai. Polyelectrolyte functionalized carbon nanotubes as efficient metal-free electrocatalysts for oxygen reduction[J]. J. Am. Chem. Soc., 2011, 133: 5182-5185.

[258] C. Mo, J. Jian, J. Li, et al. Boosting water oxidation on metal-free carbon nanotubes via directional interfacial charge-transfer induced by adsorbed polyelectrolyte[J]. Energy Environ. Sci., 2018, 11: 1-9.

[259] J. Xiong, M. Hu, X. Li, et al. Li. Porous graphite: a facile synthesis from ferrous gluconate and excellent performance as anode electrocatalyst of microbial fuel cell[J]. Biosens. Bioelectron., 2018,

109: 116-122.

[260] M. Sevilla, R. Mokaya. Energy storage applications of activated carbons: supercapacitors and hydrogen storage[J]. Energy Environ. Sci., 2014, 7: 1250-1280.

[261] Y. Wang, B. Li, D. Cui, et al. Nano-molybdenum carbide/carbon nanotubes composite as bifunctional anode catalyst for high-performance Escherichia coli-based microbial fuel cell[J]. Biosens. Bioelectron., 2014, 51: 349-355.

[262] Y. Tao, Q. Liu, J. Chen, et al. Hierarchically three-dimensional nanofiber based textile with high conductivity and biocompatibility as a microbial fuel cell anode[J]. Environ. Sci. Technol., 2016, 50: 7889-7895.

[263] X. Chen, D. Cui, X. Wang, et al. Porous carbon with defined pore size as anode of microbial fuel cell[J]. Biosens. Bioelectron., 2015, 69: 135-141.

[264] H. Li, B. Liao, J. Xiong, et al. Power output of microbial fuel cell emphasizing interaction of anodic binder with bacteria[J]. J. Power Sources, 2018, 379: 115-122.

[265] S. Cheng, H. Liu, B.E. Logan. Increased power generation in a continuous flow MFC with advective flow through the porous anode and reduced electrode spacing[J]. Environ. Sci. Technol., 2006, 40: 2426-2432.

[266] S. Marks, J. Makinia, F.J. Fernandez-Morales. Performance of microbial fuel cells operated under anoxic conditions[J]. Applied Energy, 2019, 250: 1-6.

[267] R. Rossi, B.P. Cario, C. Santoro, et al. Evaluation of electrode and solution area-based resistances enables quantitative comparisons of factors impacting microbial fuel cell performance[J]. Environ. Sci. Technol., 2019, 53: 3977-3986.

[268] L. Zhang, W. He, J. Yang, et al. Bread-derived 3D macroporous carbon foams as high performance free-standing anode in microbial fuel cells[J]. Biosens. Bioelectron., 2018, 122: 217-223.

[269] C.J. Kirubaharan, G.G. Kumar, C. Sha, et al. Facile fabrication of Au@polyaniline core-shell nanocomposite as efficient anodic catalyst

for microbial fuel cells[J]. Electrochim. Acta, 2019, 328: 135136.

[270] X.W. Liu, Y.X. Huang, X.F. Sun, et al. Conductive carbon nanotube hydrogel as a bioanode for enhanced microbial electrocatalysis[J]. ACS Appl. Mater. Interfaces, 2014, 6: 8158-8164.

[271] V. Chaturvedi, P. Verma. Microbial fuel cell: a green approach for the utilization of waste for the generation of bioelectricity[J]. Bioresources & Bioprocessing, 2016, 3: 38.

[272] U. Schröder, J. Nießen, F. Scholz. A generation of microbial fuel cells with current outputs boosted by more than one order of magnitude[J]. Angew. Chem. Int. Ed., 2003, 42: 2880-2883.

[273] N. Senthilkumar, M. Pannipara, A.G. Al-Sehemi, et al. PEDOT/ $NiFe_2O_4$ nanocomposites on biochar as a free-standing anode for high-performance and durable microbial fuel cells[J]. New J. Chem., 2019, 43: 7743-7750.

[274] B. Yu, Y. Li, L. Feng. Enhancing the performance of soil microbial fuel cells by using a bentonite-Fe and Fe_3O_4 modified anode[J]. J. Hazard. Mater., 2019, 377: 70-77.

[275] R. Wang, D. Liu, M. Yan, et al. Three-dimensional high performance free-standing anode by one-step carbonization of pinecone in microbial fuel cells[J]. Bioresour. Technol., 2019, 292: 121956.

[276] X. Xie, M. Ye, L. Hu, et al. Carbon nanotube-coated macroporous sponge for microbial fuel cell electrodes[J]. Energy Environ. Sci., 2012, 5: 5265-5270.

[277] Y.-C. Yong, X.-C. Dong, M.B. Chan-Park, et al. Macroporous and monolithic anode based on polyaniline hybridized three-dimensional graphene for high-performance microbial fuel cells[J]. ACS Nano, 2012, 6: 2394-2400.

[278] Z. Lv, D. Xie, X. Yue, et al. Ruthenium oxide-coated carbon felt electrode: a highly active anode for microbial fuel cell applications[J]. J. Power Sources, 2012, 210: 26-31.

[279] B. Li, J. Zhou, X. Zhou, et al. Surface modification of microbial fuel cells anodes: approaches to practical design[J]. Electrochim. Acta, 2014, 134: 116-126.

[280] Y. Du, F.-X. Ma, C.-Y. Xu, et al. Nitrogen-doped carbon nanotubes/ reduced graphene oxide nanosheet hybrids towards enhanced cathodic oxygen reduction and power generation of microbial fuel cells[J]. Nano Energy, 2019, 61: 533-539.

[281] L. Fu, H. Wang, Q. Huang, et al. Modification of carbon felt anode with graphene/Fe_2O_3 composite for enhancing the performance of microbial fuel cell[J]. Bioprocess Biosyst. Eng., 2020, 43: 373-381.

[282] J. Ali, L. Wang, H. Waseem, et al. FeS@rGO nanocomposites as electrocatalysts for enhanced chromium removal and clean energy generation by microbial fuel cell[J]. Chem. Eng. J., 2020, 384: 123335.

[283] M.H. Omar, M. Obaid, P. Kyung-Min, et al. Fe/Fe_2O_3 nanoparticles as anode catalyst for exclusive power generation and degradation of organic compounds using microbial fuel cell[J]. Chem. Eng. J., 2018, 349: 800-807.

[284] L. Machala, J.i. Tucek, R. Zboril. Polymorphous transformations of nanometric Iron（III）Oxide: a review[J]. Chem. Mater., 2011, 23: 3255-3272.

[285] Y. Xin, Z. Li, W. Wu, et al. Pyrite FeS_2 sensitized TiO_2 nanotube photoanode for boosting near-infrared light photoelectrochemical water splitting[J]. ACS Sustainable Chemistry & Engineering, 2016, 4: 6659-6667.

[286] J. Xu, H. Xue, X. Yang, et al. Synthesis of honeycomb-like mesoporous pyrite FeS_2 microspheres as efficient counter electrode in quantum dots sensitized solar cells[J]. Small, 2014, 10: 4754-4759.

[287] Z. Guo, X. Wang. Atomic layer deposition of the metal pyrites FeS_2, CoS_2, and NiS_2[J]. Angew. Chem., 2018, 130: 6000-6004.

[288] Y. Yang, Y. Duan, X. Dong, et al. Hydrogenation of functionalized nitroarenes catalyzed by single-phase pyrite FeS_2 nanoparticles on N, S-codoped porous carbon[J]. ChemSusChem, 2019, 12: 201901867.

[289] R. Morrish, R. Silverstein, C.A. Wolden. Synthesis of stoichiometric FeS_2 through plasma-assisted sulfurization of Fe_2O_3 nanorods[J]. J. Am. Chem. Soc., 2012, 134: 17854-17857.

[290] J. Liang, Y. Jiao, M. Jaroniec, et al. Sulfur and nitrogen dual-

doped mesoporous graphene electrocatalyst for oxygen reduction with synergistically enhanced performance[J]. Angew. Chem., 2012, 51: 11496-11500.

[291] F. Jin, Y. Wang. Topotactical conversion of carbon coated Fe-based electrodes on graphene aerogels for lithium ion storage[J]. J. Mater. Chem. A, 2015, 3: 14741-14749.

[292] L. Xiao, D. Wu, S. Han, et al. Self-assembled Fe_2O_3/graphene aerogel with high lithium storage performance[J]. ACS Appl. Mater. Interfaces, 2013, 5: 3764-3769.

[293] 陈艳华, 郑毓峰, 张校刚, 等. pH 对溶剂热合成 FeS_2 粉体的影响 [J]. 物理化学学报, 2005, 21: 419-424.

[294] J.J. Sun, H.Z. Zhao, Q.Z. Yang, et al. A novel layer-by-layer self-assembled carbon nanotube-based anode: preparation, characterization, and application in microbial fuel cell[J]. Electrochim. Acta, 2010, 55: 3041-3047.

[295] L.P. A, S.J.Y.A. B, J.Y.W. A. Carbon nanotubes as electrode modifier promoting direct electron transfer from shewanella oneidensis[J]. Biosens. Bioelectron., 2010, 25: 1248-1251.

[296] P. Liang, H. Wang, X. Xia, et al. Carbon nanotube powders as electrode modifier to enhance the activity of anodic biofilm in microbial fuel cells[J]. Biosens. Bioelectron., 2011, 26: 3000-3004.

[297] A. Hirsch, O. Vostrowsky. Functionalization of carbon nanotubes[J]. ChemInform, 2005, 245: 193-237.

[298] D. Tasis, N. Tagmatarchis, V. Georgakilas, et al. Organic functionalization of carbon nanotubes[J]. ChemInform, 2003, : 282-286.

[299] L. Y, Y. G, L. G. D, et al. Coupling Mo_2C with nitrogen-rich nanocarbon leads to efficient hydrogen-evolution electrocatalytic sites[J]. Angew. Chem., 2015, 54: 10752-10757.

[300] D.O. Scanlon, G.W. Watson, D.J. Payne, et al. Theoretical and experimental study of the electronic structures of MoO_3 and MoO_2[J]. J. Phys. Chem. C, 2010, 114: 4636-4645.

[301] Y. Shi, B. Guo, S.A. Corr, et al. Ordered mesoporous metallic MoO_2 materials with highly reversible lithium storage capacity[J].

Nano Lett., 2009, 9: 4215-4220.

[302] Z. L, C. X, L. H, et al. Highly dispersed polydopamine-modified Mo$_2$C/MoO$_2$ nanoparticles as anode electrocatalyst for microbial fuel cells[J]. Electrochim. Acta, 2018, 283: 528-537.

[303] L. X, H. M, Z. L, et al. Co-modified MoO$_2$ nanoparticles highly dispersed on N-doped carbon nanorods as anode electrocatalyst of microbial fuel cells[J]. Biosens. Bioelectron., 2019, 145: 111727.